essentials

essentials liefern aktuelles Wissen in konzentrierter Form. Die Essenz dessen, worauf es als „State-of-the-Art" in der gegenwärtigen Fachdiskussion oder in der Praxis ankommt. *essentials* informieren schnell, unkompliziert und verständlich

- als Einführung in ein aktuelles Thema aus Ihrem Fachgebiet
- als Einstieg in ein für Sie noch unbekanntes Themenfeld
- als Einblick, um zum Thema mitreden zu können

Die Bücher in elektronischer und gedruckter Form bringen das Expertenwissen von Springer-Fachautoren kompakt zur Darstellung. Sie sind besonders für die Nutzung als eBook auf Tablet-PCs, eBook-Readern und Smartphones geeignet. *essentials:* Wissensbausteine aus den Wirtschafts-, Sozial- und Geisteswissenschaften, aus Technik und Naturwissenschaften sowie aus Medizin, Psychologie und Gesundheitsberufen. Von renommierten Autoren aller Springer-Verlagsmarken.

Weitere Bände in der Reihe http://www.springer.com/series/13088

Josef Honerkamp

Über die Merkwürdigkeiten der Quantenmechanik

Josef Honerkamp
Fakultät für Mathematik und Physik
Universität Freiburg
Freiburg im Breisgau, Deutschland

ISSN 2197-6708 ISSN 2197-6716 (electronic)
essentials
ISBN 978-3-658-31878-9 ISBN 978-3-658-31879-6 (eBook)
https://doi.org/10.1007/978-3-658-31879-6

Die Deutsche Nationalbibliothek verzeichnet diese Publikation in der Deutschen Nationalbibliografie; detaillierte bibliografische Daten sind im Internet über http://dnb.d-nb.de abrufbar.

Planung/Lektorat: Andreas Rüdinger
Springer Spektrum ist ein Imprint der eingetragenen Gesellschaft Springer Fachmedien Wiesbaden GmbH und ist ein Teil von Springer Nature.
Die Anschrift der Gesellschaft ist: Abraham-Lincoln-Str. 46, 65189 Wiesbaden, Germany

Was Sie in diesem *essential* finden können

- Eine Einführung in grundlegende Begriffe der klassischen Physik
- Eine Darstellung der wichtigsten Begriffe der Quantenmechanik und deren Merkwürdigkeiten aus der Sicht unseres „gesunden Menschenverstandes“
- Am Beispiel der Physik einen Einblick in die Bedeutung einer Diskussion um Begriffe in einer Wissenschaft

Vorwort

Über philosophische Probleme der Quantenmechanik ist schon viel geschrieben worden, meistens allerdings in der Fachsprache der Physiker oder der Philosophen. Denn die Quantenphysik ist ein besonders markantes Beispiel dafür, dass eine Wissenschaft auch immer um die Klärung ihrer Begriffe ringen muss. Das ist eine genuin philosophische Aufgabe. Mit dieser kleinen Schrift möchte ich den Versuch machen, diese Problematik auch philosophisch Interessierten zugänglich machen, die bisher weder in der einen noch in der anderen Wissenschaft tiefer eingedrungen sind. Dabei soll deutlich werden, dass unsere Begriffe der klassischen Physik auch eine Geschichte haben und eigentlich gar nicht so selbstverständlich sind.

Als in diesem Jahr die Corona-Epidemie Europa erreichte und sich unser Leben hauptsächlich auf die eigenen vier Wände beschränken musste, kam mir in den Sinn, dass Issac Newton im Jahr 1666 vor der Pest aus Cambridge fliehen musste und zu Hause in seiner Quarantäne höchst bedeutsame neue Erkenntnisse für die Mathematik und Physik der damaligen Zeit gewann. Das inspirierte mich dazu, in der Zeit der heutigen Quarantäne wenigstens von bedeutsamen Erkenntnissen des letzten Jahrhunderts allgemeinverständlich zu berichten. Die Fragen, die dabei aufgeworfen werden, betreffen in höchst bedeutsamer Weise unser Weltbild und gehen damit auch einer breiteren Öffentlichkeit etwas an.

Die Betreuung durch Herrn Rüdinger, Direktor Naturwissenschaften im Springer-Verlag, war wie immer kompetent und anregend. Für kritische Anmerkungen und klärende Gespräche zu diesem Thema danke ganz herzlich den Physikern und

Kollegen Hartman Römer, Thomas Filk und Carsten Honerkamp sowie dem Philosophen Gerold Prauss. Alle noch eventuell vorhandenen Unklarheiten oder Ungereimtheiten habe ich natürlich allein zu verantworten.

Emmendingen
im Juli 2020

Josef Honerkamp

Inhaltsverzeichnis

1 Einleitung

Ende des 19. Jahrhunderts gab es zwei große etablierte physikalische Theorien: die klassische Mechanik Newtons und die Elektrodynamik Maxwells. Alle Phänomene, denen man zu dieser Zeit in der Lebenswelt begegnete, konnte man im Rahmen dieser Theorien verstehen: Bewegungen am Himmel und auf der Erde, elektrische und magnetische Effekte. Dieses Verständnis hatte mit der Zeit auch zu technischen Innovationen wie Telefon, Elektromotor und elektrischem Licht geführt. Die Entdeckung der elektromagnetischen Wellen durch Heinrich Hertz im Jahre 1886 sollte sogar zu einer neuen Ära, zum sogenannten Informationszeitalter, führen.

Mit der Physik der damaligen Zeit glaubten manche schon einen Überblick über die Dinge der Welt und ihre Beziehungen zueinander zu haben und damit zu wissen, wie sich die Natur im großen Ganzen verhält. Dieser Glaube wurde zu Beginn des 20. Jahrhunderts bald heftig bezweifelt und schließlich in den 20er-Jahren gründlich erschüttert. Die Experimentiertechnik war inzwischen so weit gediehen, dass man sich auch daranmachen konnte, die Struktur der Materie zu erforschen. Denn mehr als Vermutungen aus der Antike kannte man bis dahin nicht, z. B. die Hypothese von Demokrit, dass die Materie aus diskreten unteilbaren Konstituenten, sogenannten Atomen (atomos, gr.: unteilbar), bestehen soll. Akribische Experimente waren nötig, um heraus zu finden, dass es so etwas wie Atome wirklich geben musste. Diese konnten allerdings nur sehr viel kleiner sein als alles, was einem im täglichen Leben begegnet: Der Durchmesser eines Atoms erwies sich etwa 500.000-mal kleiner als der Durchmesser eines Haars.

Die Frage nach der Struktur der Materie zog so auch die Frage nach der Struktur eines Atoms nach sich und so entdeckte man weitere Objekte, die noch einmal um Größenordnungen kleiner sein mussten. Man kam sich vor wie ein Mensch, der aus einer Provinz, die er leidlich gut kennt, in ein neues Land

J. Honerkamp, *Über die Merkwürdigkeiten der Quantenmechanik*, essentials,
https://doi.org/10.1007/978-3-658-31879-6_1

kommt, in dem ganz andere Verhältnisse herrschen. Man sollte bald sehen, dass in diesem neuen „Land der kleinsten Dimensionen" viele gewohnte und für selbstverständlich gehaltene Vorstellungen von Dingen und Kräften der Natur über Bord geworfen werden mussten.

Es liegt nahe, hier eine Parallele zu der Zeit zu sehen, in der die Europäer die Seefahrt so weit beherrschten, dass sie auch zu entfernteren Gegenden der Erde segeln konnten. So entdeckten sie neue Länder und Gesellschaften, auch mit ganz anderen Sitten und Gebräuchen. Diese Erweiterung des Horizontes war aber für unser Bild vom Menschen und der Welt absolut harmlos gegenüber den Einsichten, die den Physikern bei der Entdeckung des Landes der kleinsten Dimensionen allmählich zu Bewusstsein kamen. Das zeigt sich an mindestens drei bedeutenden Unterschieden:

Erstens, die Exploration der Erde ist seit einiger Zeit im Wesentlichen abgeschlossen; man kennt heute jeden Fleck der Erde. Die Exploration der Welt – und hier ist wirklich die ganze Welt gemeint und nicht wie immer noch üblich allein die Erde – begann eigentlich erst mit der Wende zum 20. Jahrhundert und ein Ende ist auch heute nicht abzusehen. Wahrscheinlich wird es nie ein solches Ende geben können.

Zweitens, man kann heute vermuten, dass es sinnvoll ist, in einer Landschaft der Größenordnungen auch noch von einem „Land der größten Dimensionen" zu reden, mit Objekten von unvorstellbarer Größe wie Galaxien, Galaxienclustern und noch weit größeren Strukturen. Unsere Welt, in der wir leben und alles ungefähr ein menschliches Maß hat, wäre dann als ein „Land der mittleren Dimensionen" zu bezeichnen. Man könnte diese drei „Länder" auch den Mikrokosmos, Mesokosmos und Makrokosmos nennen. Die Physik hatte bis Anfang des 20. Jahrhunderts nur den Mesokosmos erkundet; man nennt diese Physik heute auch die klassische Physik.

Mit dieser groben Einteilung betont man, dass es zwei Sorten von Neuland außerhalb unseres Landes der mittleren Dimensionen gibt (Abb. 1.1). Die Erforschung des Landes der größten Dimensionen scheint erst heute in eine dynamische Phase zu treten.

Drittens, als die Europäer die Länder Afrikas, Amerikas und Asiens kennen lernten, stießen sie auf Gesellschaften mit völlig anderen Sitten und Religionen. Diese Andersartigkeit war für sie kein Wert und schnell stülpten sie Allen und Allem ihre eigene Kultur über.

Als man Anfang des 20. Jahrhunderts in das „Land der kleinsten Dimensionen" vorstieß und die Verhältnisse dort mit den gewohnten Vorstellungen aus dem Land der mittleren Dimensionen über Dinge und Kräfte der Natur zu verstehen suchte, erlitt man aber bald Schiffbruch. Man musste

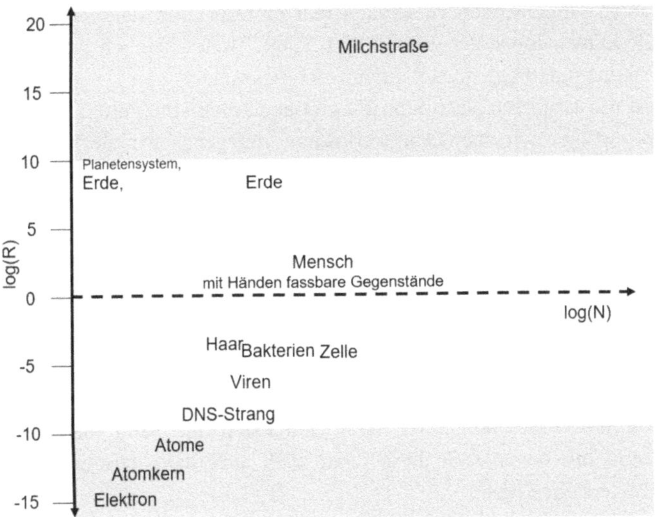

Abb. 1.1 Grobe Klassifizierung bestimmter Objekte nach Größe und Komplexität (grau hinterlegt: Bereiche der kleinsten bzw. der größten Dimensionen). Objekte wie Planeten (Erde) können dabei an verschiedenen Stellen auftreten, je nachdem, wie viele ihrer Eigenschaften man berücksichtigen will (R steht für Größenordnung in m, N für Anzahl der Freiheitsgrade = Maß für die Komplexität, nach (Honerkamp, 2020))

einsehen, dass die Vorstellungen, die man unserem „Land der mittleren Dimensionen", entwickelt hatte, nicht unbedingt universell, d. h. in allen Größendimensionen tauglich sein müssen. Im Angesicht der ganzen Welt ist unser Land der mittleren Dimensionen eben nur eine kleine Provinz. Zwar eigneten sich diese Vorstellungen für die Entwicklung des Lebens und uns Menschen im Rahmen einer Evolution – wäre das nicht der Fall, würden wir heute nicht in unserer Art existieren. Aber tauglich müssen sie nicht unbedingt sein für ein Verständnis der Dinge und Kräfte in einem Land der kleinsten (oder auch größten) Dimensionen. Wir wurden im Rahmen unserer Evolution nie mit solchen konfrontiert. Eine Anpassung an die Verhältnisse des Landes der kleinsten Dimensionen war nicht nötig und somit entstanden in dieser Hinsicht keine Unterschiede, die sonst besser Angepassten eine im Mittel größere Anzahl von Nachkommen bescheren würde.

Wenn man mit Sigmund Freud davon reden will, welche Kränkungen das Ego der Menschen im Laufe ihrer Entwicklung erleiden musste, dann wäre diese Einsicht wiederum eine große Kränkung: Unser Vorstellungsvermögen ist im Land der mittleren Dimensionen entstanden und es wäre eine starke Annahme, dass es für alle Dimensionen der ganzen Welt taugt. Wahrscheinlich ist es auf unsere kleine Provinz innerhalb eines Weltganzen beschränkt.

Das ist die schlechte Nachricht. Es gibt aber auch eine gute Nachricht. Denn trotzdem verfügen wir über Denkwerkzeuge, mit denen wir die Verhältnisse im Land der kleinsten Dimensionen „verstehen" können. Dabei bedeutet „verstehen" hier, dass wir das Verhalten der kleinsten Dinge in allen möglichen Prozessen erklären und erfolgreich vorhersagen können, nachdem wir angemessene Begriffe und geeignete Prämissen gefunden haben. Dieses geschieht alles im Rahmen der Mathematik, also einer formalen Sprache, die logische Strenge verbürgt. Wir haben im Rahmen der Evolution offensichtlich mehr mitbekommen als Vorstellungen, die sich aus Erfahrungen mit der Welt der mittleren Dimensionen ergeben konnten, nämlich auch Denkwerkzeuge, in denen das Wirken der Natur auf eine tiefere Weise aufgehoben ist, in denen sich „die Natur" der Natur widerspiegelt und mit denen sich diese dann auch außerhalb unseres Vorstellungshorizontes verstehen lässt.

Wie entdeckte man nun, dass im Land der kleinsten Dimensionen „alles ganz anders" ist, dass wir mit unseren gewohnten Vorstellungen dort nichts verstehen können? Und was musste man tun bzw. denken, um sich in diesem neuen Land zurechtzufinden? Wie kamen wir dennoch zu einem Verständnis, auch wenn wir uns von unseren Erfahrungen mit der Welt der mittleren Dimensionen nicht mehr unbedingt leiten lassen können.

Da gäbe es viel zu erzählen. Die Geschichte der Aufklärung der Struktur der Materie von der Entdeckung der elektromagnetischen Wellen angefangen bis zur Etablierung einer ersten Theorie für die Objekte des Landes der kleinsten Dimensionen ist hoch interessant, soll aber hier nicht besprochen werden. Hier ist erst nur zu erwähnen, dass man diese Objekte bald Quanten nannte, diese erste Theorie damit auch Quantenmechanik, und alle weiteren Theorien für dieses Land waren demnach auch Quantentheorien. Alle diese sind höchst erfolgreich in der Erklärung und in der Vorhersage experimenteller Resultate.

Will man in diesen Theorien das Verhalten der Quanten in irgendeiner Weise in Analogie zu einem möglichen Verhalten von Objekten unserer Welt der mittleren Dimensionen setzen, so gelangen wir allerdings stets in Widersprüche. In manchen Situationen verhalten die Quanten sich wie Wellen, in anderen wie Teilchen. Man kann aber nicht sagen, dass sie zugleich Welle und Teilchen sind – oder mal Wellen sind, mal Teilchen. Das ergäbe keinen Sinn. Quanten sind Objekte eigener Art. Wir müssen akzeptieren, dass sich unsere Begriffe wie Welle oder Teilchen auf Phänomene der Welt der mittleren Dimensionen beziehen. Hier haben wir die entsprechenden Phänomene vorgefunden und hier haben wir die Begriffe Welle bzw. Teilchen gebildet.

Es gibt also im Land der kleinsten Dimensionen höchst andersartige Objekte und Phänomene als im Mesokosmos. Wir mussten damit auch andere Begriffe entwickeln, um diese beschreiben zu können.

2 Emergenz bzw. Supervenienz

Aber ist nicht auf beiden Ebenen das Wirken der Natur vorhanden und warum sollte dieses denn einmal so und einmal anders beschrieben werden? Gibt es denn nicht so etwas wie die Einheit der Natur? Wie beschreibt man denn dann noch die Phänomene, die sich auf der Längenskala mitten zwischen den beiden Ebenen der mittleren bzw. kleinsten Dimensionen zeigen?

Diese Fragen stellen sich in der Tat. Man hat auch eine Antwort darauf, aber nur im Rahmen einer Vorstellung, auf die auch alle Erfahrungen hinweisen. Deren Konkretisierung stellt aber in ein höchst ambitioniertes Programm dar, das erst in wenigen Fällen angegangen worden ist. Insbesondere in der Quantenphysik spielt es eine große Rolle und stellt, wie wir in Kap. 6 sehen werden, noch ein ungelöstes Problem dar.

Die Idee ist, dass die Phänomene der mittleren Dimensionen sich aus den Phänomenen der kleinsten Dimensionen ergeben, also gewissermaßen ableiten lassen, auch wenn sie noch so verschieden sind. Der Grund dafür liegt darin, dass Objekte des Mesokosmos immer Ansammlungen von Objekten des Mikrokosmos sind, und zwar von sehr vielen Quanten. Deren Anzahl ist von der Größenordnung 10^{23}. Die wesentlichen Merkmale „Masse" und „elektrische Ladung" bedingen Beziehungen bzw. Wechselwirkungen zwischen den einzelnen Objekten des Mikrokosmos. Diese können wir höchst erfolgreich durch ein Gravitationsfeld bzw. elektromagnetisches Feld beschreiben. Das Zusammenspiel aller dieser Objekte führt dann zu Merkmalen und Phänomenen der klassischen Objekte, die dann in der Tat ganz verschieden sein können von denen der Quanten. Dieses Phänomen nennt man „Emergenz" (lat. emergere = auftauchen, emporsteigen).

Ein besonders einsichtiges Beispiel für Emergenz ist das Objekt „Wasser". In unserem Mesokosmos ist Wasser flüssig, hat eine bestimmte, wenn auch unauf-

J. Honerkamp, *Über die Merkwürdigkeiten der Quantenmechanik*, essentials, https://doi.org/10.1007/978-3-658-31879-6_2

fällige Farbe und besitzt eine Temperatur – das sind also alles Merkmale, die eine bestimmte Menge Wasser haben kann. Heute wissen wir, dass Wasser aus H_2O-Molekülen besteht und bei diesen gibt es weder ein Merkmal „flüssig", „Farbe" oder „Temperatur". Alle diese entstehen erst durch das Zusammenspiel der Moleküle und erscheinen bzw. emergieren auf der Ebene des Mesokosmos.

Wir müssen also unterscheiden zwischen fundamentalen und emergenten Merkmalen. Im Mesokosmos, in unserem Land der mittleren Dimensionen, sehen wir fast nur emergente Merkmale und die Erklärung dieser auf der Basis von fundamentalen oder wesentlichen Merkmalen ist eine der Aufgaben der Physik.

Am weitesten fortgeschritten ist dieses Programm in der „Statistischen Mechanik". Dieses Gebiet wird auch manchmal „Statistische Thermodynamik" genannt. Man will es damit abheben von der „Thermodynamik" bzw. der „Phänomenologischen Thermodynamik", in der nur mit Begriffen der Welt der mittleren Dimensionen die Phänomene auf dieser Ebene beschrieben werden. In der „Statistischen Thermodynamik" werden dagegen die Begriffe der „mittleren" Ebene wie Temperatur, Druck, Volumen auf die Begriffe der „unteren" Ebene zurückgeführt. Andersherum formuliert: Temperatur und Druck werden als statistische Merkmale des Verhaltens der Konstituenten des Gases erkannt. Gegenüber der Vielzahl und Komplexität der uns bekannten Objekte ist das aber ein sehr einfacher und spezieller Fall. Meistens muss das Verhalten der Materialien immer noch durch Experimente studiert werden.

Es gibt aber noch viel grundsätzlichere Unterschiede zwischen klassischer Physik und Quantenphysik. Diese beziehen sich auf die Merkwürdigkeiten der Quantenmechanik, denen sich diese Schrift ja im Wesentlichen widmet. Die Frage ist, wieso diese Merkwürdigkeiten auf der Ebene der mittleren Dimensionen nicht vorhanden sind. Wir werden uns im Kap. 6 mit dieser Frage beschäftigen, wenn wir die Merkwürdigkeiten angemessen „gewürdigt" haben.

Emergenz ist ein Phänomen, das man auf allen Längenskalen beobachten kann. Sie ist der Grund dafür, dass die Chemie nicht einfach eine Physik für komplexere Systeme von Atomen ist. Man braucht neue Begriffe, um die Dinge und Merkmale der Chemie übersichtlicher beschreiben zu können. Mitunter muss man doch darauf zurückgreifen, wie die Begriffe einer der oberen Ebenen mit den Begriffen der Physik zusammenhängen. So gibt es auch Gebiete wie die chemische Physik oder physikalische Chemie. Geht man zu noch komplexeren Systemen, hat man es bald mit der Biologie zu tun, in der es wiederum neue Begriffe geben muss, die adäquat sind für eine Diskussion der relevanten Probleme. Die unteren Ebenen können aber auch wieder ins Spiel kommen, in einer Biophysik oder Biochemie. Leben und sogar Bewusstsein und Denkfähigkeit werden heutzutage schließlich von vielen auch als emergente Merkmale gesehen. Eine Konkretisierung dieser Vorstellung liegt aber noch in weiter Ferne.

Solche Begriffe auf einer jeweils höheren Ebene sind so etwas wie Container, mit denen man übersichtlicher umgehen d. h. denken kann. Man kann sich dann auch vorstellen, dass man zu einer nächsthöheren Ebenen gelangt, in der es Begriffe gibt, die in diesem Bild wiederum als „Supercontainer" auf einer noch höheren Ebene angesehen werden können. Natürlich interessiert auch manchmal, was in den Containern enthalten ist. Dann muss man den Inhalt analysieren und verstehen, warum es sinnvoll ist, einen Container für diesen Inhalt zu bilden.

Ein anderer Aspekt muss bei dieser Betrachtung der verschiedenen Ebenen des „Seienden" bemerkt werden: Es gibt zwar eine übersichtliche Anzahl von verschiedenartigen Quanten. Für eine Menge von 10^{23} dieser gibt es aber eine ungeheure Menge von Kombinationen und damit kann es eine ungeheure Anzahl von verschiedenen Objekten geben. Um eine Ahnung von dieser Anzahl zu bekommen, brauchen wir uns nur anzusehen, wie die Menge wächst, wenn man von den Objekten der Physik, den Atomen z. B. zu den Objekten der Chemie, der Biologie und schließlich zu den Objekten der lebenden Welt übergeht. Aber trotzdem wird es wohl immer noch eine ungeheure Menge von Kombinationen geben, die nicht realisiert sind. Die ungeheure Weite, die mit jeder neuen Dimension auch noch immer stärker zunimmt, nennt man den „Fluch der Dimensionen".

In der Philosophie hat man für eine vorläufige Antwort auf die Frage nach dem Zusammenhang der beiden Ebenen den Begriff „Supervenienz" eingeführt. Dieser wir oft an einem Beispiel eines Bildes erklärt. Hier kann man auch von einer oberen und einer unteren Ebene sprechen: das Bild als Ganzes und was es darstellen soll sowie dessen kleinste Teile, aus denen es zusammengesetzt ist. Heute würden diese Teile bei digitalen Bildern also die einzelnen Pixel sein. Das Bild „superveniert" dann über den Pixeln, wenn eine Änderung auf der oberen Ebene nur möglich ist, falls es auch eine Änderung auf der unteren Ebene gibt. Es können dann also auf der oberen Ebene nicht zwei verschiedene Bilder aus einer einzigen Konfiguration der unteren Ebene hervorgehen. Wäre das nämlich möglich, müsste man ein zusätzliches Agens, z. B. eine Kraft, die sich auf der unteren Ebene gar nicht zeigen kann, postulieren, die den Unterschied auf der oberen Ebene verursacht. Früher sprach man in diesem Sinne z. B. von einer Lebenskraft. Heute gibt es für manche den "Geist", der „Leben wirkt" und uns zu einem Bewusstsein und zum Planen und Denken befähigt. Hier scheiden sich die „Geister": Ist Bewusstheit und Fähigkeit zu geistigem Tun eine Wirkung eines „Geistes" welcher Art auch immer, oder ist es ein emergentes Phänomen, das sich im Laufe der Evolution als Vorteil für die nachhaltige Verbreitung unserer Art erwiesen hat?

Objekte, Merkmale, Relationen 3

Mit dem Betreten des Landes der kleinsten Dimensionen hat man also neuartige Objekte kennengelernt. Man hat entdeckt, dass zum „Inventar der Welt" sehr viel mehr gehört als man sich bisher hat vorstellen können. Damit kamen auch neue Prozesse und neuartige Beziehungen in den Blick, die wiederum eine neue Perspektive auf bisher Bekanntes eröffneten.

Neuartig waren die Quanten, früher zunächst Elementarteilchen genannt; es waren Elektronen, Protonen, Neutronen, Photonen und viele andere. Heute spricht man gar von einem „Zoo" solcher Teilchen bzw. Quanten.

Man lernte also, dass es noch viel mehr „Seiendes" gibt und es ist ratsam, diese Objekte auch allgemein als solche zu bezeichnen, sie also „Entitäten" zu nennen, um nicht mit „Ding" oder „Objekt" Begriffe zu gebrauchen, die wir schon zu gut aus der Welt der mittleren Dimensionen kennen, sodass wir mit bestimmten Vorurteilen an sie herangehen. Der Begriff „Entität" soll nun allgemein für etwas sein, was wir als existent ansehen, wir also als etwas „Seiendes" betrachten. Bei einem Objekt oder Ding werden wir immer etwas „Ausgedehntes" unserer Welt der mittleren Dimensionen meinen, also ein Teil der „res extensa" von Descartes. Ein Quant ist dagegen eine Entität des Landes bzw. der Welt der kleinsten Dimensionen.

Solch eine Erweiterung unserer Erkenntnis über das Inventar des Seins muss wohl auch eine Überprüfung der Systematik nach sich ziehen, mit der man das Inventar nach bestimmten Gesichtspunkten kategorisiert und einordnet. Wir begeben uns damit in das Gebiet der Ontologie, der Lehre vom Sein. Schon die ersten Philosophen und Physiker, die Vorsokratiker, beschäftigten sich damit, jeweils ausgehend von ihrem Wissen über die Welt. Bei solchen Kategorisierungen richtet man sich immer nach den Merkmalen der Entitäten.

J. Honerkamp, *Über die Merkwürdigkeiten der Quantenmechanik*, essentials, https://doi.org/10.1007/978-3-658-31879-6_3

Am wichtigsten bei einem Merkmal ist zunächst einmal zu wissen, ob es in die Kategorie der Eigenschaften fällt oder in die der Relationen. Wir sind es im Alltag gewohnt, bei Objekten zunächst an ihre Eigenschaften zu denken und reden davon, dass ein Objekt diese oder jene Eigenschaft „besitzt". Wir wissen auch, dass dieses „Besitzen" gewissen Umständen geschuldet sein kann und damit nicht zum „eigentlichen Wesen" des Objektes gehört. Die Eigenschaft kann andererseits aber auch notwendigerweise zu dem Objekt gehören. Würde diese nicht dazu gehören, wäre es nicht das Objekt, das gerade in Rede steht. Schon Aristoteles kannte diese Unterscheidung; die zufällig zugehörigen Eigenschaften nannte er Akzedentien. Die notwendig zugehörigen Eigenschaften machten bei Aristoteles das aus, was man später das „Proprium" nannte. Diese Merkmale sind also die „wesentlichen", d. h. sie gehören zum „Wesen" des Objektes. Sie definieren die Klasse von Objekten, denen man unabhängig von ihren Akzedentien einen gemeinsamen Namen geben und eine Kategorie oder eine Art zuweisen könnte: Eine „kugelrunde" Form gehört zum Wesen einer Kugel, deshalb hat man diese Form schon so genannt. Ein Objekt, das nicht rund ist, kann keine Kugel sein. Zwei Kugeln können aber unterschiedliche Farben oder Größen besitzen.

Die Formulierung, dass eine Entität eine Eigenschaft „besitzen" soll, ist aber problematisch. Was ist denn dasjenige, was da etwas besitzt? Was bleibt denn übrig, wenn man sich den ganzen „Besitz" von Eigenschaften wegdenkt? Was wäre denn eine nackte Entität, eine Entität ohne Eigenschaften?

Relationen beschreiben in erster Linie Beziehungen zwischen zwei oder mehreren Entitäten. Nennen wir diese a, b, …, so kann man mit R(a, b) diese Beziehung zwischen a und b bezeichnen. Sind a und b z. B. ganze Zahlen, so gibt es u. a. die Relation R = „größer als". R(a,b) sei 1 (oder wahr), wenn b > a, und gleich 0 (oder falsch), wenn das nicht der Fall ist. (Man könnte einer Relation R auch irgendeine reelle Zahl zwischen 0 und 1 zuordnen. Diese könnte dann als Maß für die Wahrscheinlichkeit dienen, dass die Relation existiert (Filk, 2018)). Eine Relation könnte z. B. auch „ist Freund von" sein oder „ist verheiratet mit" sein. Eine dreistellige Relation R(a,b,c) wäre z. B. „eine Fahrt von a über b nach c". Man nennt die Entitäten, deren Relation man beschreibt, auch die Relata.

Man kann Eigenschaften auch als einstellige Relationen verstehen. Dann ist mit R(a) also eine Eigenschaft, die a zukommt. R ist also das Prädikat, das der Entität a zukommt, wenn R(a) = 1 ist. So sieht man das auch in der Prädikatenlogik, und diese Sicht auf Eigenschaften trug wesentlich zur Entwicklung der modernen Logik bei. So konnte man z. B. alle Objekte, welche die Eigenschaft R besitzen, als eine Menge im Sinne der Mathematik mithilfe von sogenannten Quantoren zusammenfassen. Im Folgenden wollen wir aber mit Relationen immer zwei- oder mehrstellige Relationen meinen, sonst explizit von Eigenschaften reden.

In einer Welt, in der es nur Eigenschaften gäbe, würde es kein Zusammenspiel der Entitäten geben, keine Entwicklung und auch keine Strukturen. Man möchte sagen, eine solche Welt ergäbe keinen Sinn. Wollen wir also unsere Welt verstehen, müssen wir versuchen, möglichst viel von den Relationen zu verstehen. Die zweistelligen Relationen von der Form R(a,b) sind dabei die einfachsten und nach bisheriger Erfahrung auch die wichtigsten.

Viele Merkmale, die wir im Alltag gebrauchen, wie „groß", „schnell" oder „reich" fassen wir oft einfach als Eigenschaften auf. Sie sind aber Relationen. Wir müssten eigentlich immer eine Referenz nennen, also sagen, wogegen etwas als groß oder schnell empfunden wird. Der Vorsokratiker Anaxagoras wusste um 450 v. Chr. schon: „Für sich ist aber jedes Ding sowohl groß wie klein" (Schupp 2003, S. 130), hat also schon erkannt, dass „Größe" nur als Relation einen Sinn ergibt.

Die Tatsache, dass man mitunter schon Eigenschaften als Relationen entlarvt hatte, und die Frage, was denn der Träger der Eigenschaften eines Objektes sein soll, hat immer wieder die Idee aufkommen lassen, dass es eigentlich nur Relationen zwischen den Dingen gibt. Objekte verfügen danach über keine intrinsischen Eigenschaften, die ihnen eine Identität stiften. Sie sind dann nur das, was sie durch ihre Relationen sind (siehe z. B. (Rovelli 2019; Filk 2018)). Das wäre eine starke Aussage im Rahmen einer Ontologie.

Etwas realistischer scheint mir die Idee zu sein, dass wir Menschen die Relationen zwischen den Entitäten besser erkennen können als die Entitäten selbst. Das wäre keine ontologische, sondern eine epistemische Aussage. In einer radikalen Version dieser epistemischen Variante heißt es sogar, dass man die Entitäten selbst überhaupt nicht erkennen kann. Soweit würde ich nicht gehen.

Solche Fragen sind seit Beginn der modernen Physik von Physikern und Philosophen immer wieder diskutiert worden. Mit der Entwicklung der Quantenphysik wurden sie besonders aktuell. Interessant ist aber auch, dass es schon vor der Quantenmechanik Positionen in diesen Fragen bezogen wurden, die heutigen Ansichten sehr nahekommen. Verblüffend ist die Arbeit des Autodidakten J.B. Stallo, der schon in den 80er Jahren des 19.Jahrhunderts, also vor aller Quantenphysik, eindeutig diese Position vertreten hat. In einer Übersetzung seines Werkes aus dem Jahre 1911 heißt es (Stallo 1911, S. 156):

„Gegenstände sind lediglich durch ihre Beziehungen zu anderen Gegenständen bekannt. Sie haben keine Eigenschaften und können keine haben und ihre Begriffe haben keine Merkmale außer diesen Beziehungen oder vielmehr unseren Gedankenvorstellungen von ihnen. In der Tat kann ein Gegenstand nicht anders gekannt und begriffen werden als ein Komplex solcher Beziehungen."

Der französische Physiker und Mathematiker Henri Poincaré hat im Jahre 1904 in seinem Werk „Wissenschaft und Hypothese“ (Poincaré 1904) ähnliches formuliert: die „wirklichen Objekte wird die Natur uns ewig verbergen; die wahren Beziehungen zwischen diesen wirklichen Objekten sind das einzig Tatsächliche, welches wir erreichen können“.

Der Philosoph John Worrall hat das 1989 (Worrall 1989) aufgegriffen und hat diese Erkenntnis zur Grundlage einer definierten Position in der Erkenntnistheorie gemacht, die heute als Strukturenrealismus in der Philosophie bekannt ist. Dabei gibt es ontische Versionen, epistemische und auch radikal epistemische Versionen. In Einführungen in die Naturphilosophie werden diese ausgiebig behandelt, (siehe z. B. (Esfeld 2011, S. 68 ff.)). Hier, in diesem Buch soll darüber diskutiert werden, wieviel man im Lichte der Quantenmechanik dazu sagen kann.

Ein weiterer wichtiger Unterschied besteht darin, ob ein Merkmal zeitabhängig ist oder nicht. In unserem Alltag ist eigentlich alles zeitabhängig, mehr oder weniger deutlich beobachtbar. Auch Sterne und Galaxien entstehen und vergehen. Ob man aber die Zeitabhängigkeit bei einer Beschreibung eines Verhaltens in Rechnung stellen sollte, hängt aber ganz davon ab, wie stark sich die Zeitabhängigkeit in dem Zeitraum ändert, in dem man das Phänomen beschreiben oder erklären will.

Besonders prominente zeitabhängige Merkmale in der Physik sind „Ort“ und „Geschwindigkeit“. Diese standen im Zentrum der Naturphilosophie zuzeiten Galileis am Anfang des 17. Jahrhunderts. Von ihm haben wir erst gelernt, dass die Geschwindigkeit eine zweistellige Relation ist, d. h. immer nur in Bezug auf Bezugspunkt zu verstehen ist. Mit der von René Descartes entwickelten Analytischen Geometrie konnte man schließlich im Rahmen der Mathematik Ort und Geschwindigkeit als zweistellige zeitabhängige Relationen beschreiben. Das war eine Grundvoraussetzung dafür, dass den ersten Schritten Galileis in eine moderne Physik weitere bedeutende Fortschritte von Newton folgen konnten. Im nächsten Kapitel soll das weiter ausgeführt werden.

4 Begriffe in der klassischen Physik

Aristoteles war der erste große Systematiker und auch derjenige, der die Philosophie als eine Aufgabe betrachtete, Ordnung in Gedanken und Begriffen herzustellen. Alle großen Denker, die nach ihm kamen, haben sich auch dieser Aufgabe gewidmet, z. B. Baruch Spinoza oder Immanuel Kant. Denkwerkzeug für diese Aufgabe konnte lediglich die Logik sein.

Seit Jahrtausenden hat man sich also über die Dinge dieser Welt Gedanken gemacht und Ontologien, also Lehren vom Sein begründet, hat von „der Welt und was sich drin bewegt, vom Menschen, was sich ihm in den Kopf und Herzen regt, Definitionen […] mit großer Kraft gegeben". Und das alles, ohne die Welt anzuschauen. Schätzen muss man heute bei diesen Bestrebungen nicht unbedingt die jeweiligen Ergebnisse, sondern eher, dass man überhaupt diese Versuche der Kategorisierung für notwendig erachtete.

Nun kann man zwar darüber nachdenken, was in der Welt existiert. Man kann aber auch, vielleicht sogar besser, nachschauen und sich dann Gedanken machen. Dieses „Nachschauen" begann man im 17. Jahrhundert in der modernen Physik, die auf diese Weise die Naturphilosophie der Griechen und des Mittelalters abgelöst hat. Danach konnte man dem Begriff „Naturphilosophie" nur dann noch einen Sinn geben, wenn man sie als ein Nachdenken über die Ergebnisse der modernen Physik ansah. Kants Arbeiten über die Erkenntnistheorie und seine Kategorienlehre waren ja auch durch die Ergebnisse der Newtonschen Mechanik inspiriert.

Am Anfang der modernen Physik, als also Galileo Galilei es mit dem „Anschauen" ernst machte und seine Erkenntnisse in der Sprache der Mathematik festhielt, war das Thema Bewegung immer noch hochaktuell. Man beobachtete Bewegung überall, am Himmel bei den Planeten und Sternen sowie auf der Erde,

J. Honerkamp, *Über die Merkwürdigkeiten der Quantenmechanik*, essentials, https://doi.org/10.1007/978-3-658-31879-6_4

bei Tieren und bei den Menschen. Ort und Geschwindigkeit sind die Merkmale, die bei der Bewegung eines Objektes relevant sind.

Schon die Babylonier hatten die Bewegungen der Sterne am Himmel studiert, Vorsokratiker wie Xenophanes oder Parmenides hatten von einer absoluten Ruhe, gesprochen, die nur einem Gott oder dem „Sein“ zukomme und Zenon von Elea wollte gar jede Bewegung als Schein entlarven. Bei Aristoteles war die Bewegung dann wieder real, es musste für ihn aber immer eine Kraft auf ein Objekt wirken, damit dessen Bewegung erhalten bleiben konnte. Im Mittelalter entwickelte sich daraus die Impetustheorie: Ein bewegtes Objekt hat zu Beginn einen Impetus erhalten, der es immer weiter vorantreibt. Dieser Impetus wir aber langsam aufgebraucht, sodass die Bewegung mit der Zeit auch erlahmt. Eine Bewegung war also immer ein Phänomen, das es zu erklären galt. Die Ruhe war dagegen etwas Absolutes, etwas nicht Hinterfragbares. Somit konnte man damit auch so etwas wie „Gott“ oder das „Sein“ assoziieren.

Der eigentliche Zustand alles Seienden war danach also die Ruhe und es musste einen „ersten Beweger“ geben, der all die Bewegungen in der Welt hervorgerufen hat und erhält.

4.1 Galilei und das Modell eines „freien“ Teilchen

Erst Galileo Galilei überwand diese Vorstellung der aristotelischen Physik, die fast 2000 Jahre herrschende Meinung war. Indem er die Natur in einem Experiment „befragte“, entdeckte er, dass es Bewegungen geben kann, die keiner Erklärung bedürfen. Er ließ eine kleine Kugel in einer Rinne eines schräg aufgestellten langen Bretts hinunterrollen, maß dabei die Distanzen, die zu gleichen Zeitabschnitten durchlaufen wurden und fand eine Beziehung zwischen Dauer der Bewegung und der zurückgelegten Strecke, eine Beziehung, die man mit den Mitteln der damaligen Mathematik beschreiben konnte. Er beobachtete dabei auch – was hier besonders wichtig wird – den Lauf der Kugel, nachdem sie das Brett verlassen hatte und auf einer waagrechten Ebene weiterrollte. Er kam auf die Idee, dass auf der waagerechten Ebene die Bewegung der rollenden Kugel „in Ewigkeit mit gleichförmiger Geschwindigkeit fortdauern“ würde, wenn sie nicht durch Unebenheiten des Untergrundes beeinträchtigt würde (Galilei 1982, S. 30).

Wir dürfen wohl unterstellen, dass Galilei hier von einer Bewegung sprach, die wir heute nicht nur „gleichförmig“, sondern genauer „geradlinig gleichförmig“ nennen. „Gleichförmig“ heißt, dass in gleichen Zeiten auch stets gleiche Distanzen durchlaufen werden, die Geschwindigkeit auf der geraden Strecke also konstant ist. „Geradlinig“ hebt noch hervor, dass die Bewegung „längs einer geraden Linie“ verläuft. Was eine gerade Linie im Raum ist, war damals schon für jeden Gebildeten selbstverständlich.

Hier entstand die Idee eines Modells für ein „freies Teilchen“. Man stellt sich dabei vor, dass sich das in Rede stehende Objekt allein in der Welt befindet. Man blendet also alle Einflüsse aus der engeren und weiteren Umgebung aus, vernachlässigt alle Beziehungen zu anderen Objekten und versucht erst einmal zu einer Beschreibung des „nackten“ Objektes zu gelangen. Man betrachtet also lokal nur das Objekt, separiert von allem Anderen in der Welt.

Diese Idee scheint gewagt zu sein, wo doch die Beziehungen zwischen den Dingen erst die wirkliche Welt ausmachen. Es hat sich aber gezeigt, dass diese Separation eines Dinges von der übrigen Welt einer der fruchtbarsten Annahmen in der Physik war. Erst dadurch konnte man in dem Knäuel aller Bewegungen in der Welt einen Faden finden, mit dem man ein geordnetes Netz von belastbaren Aussagen über die Welt erstellen konnte. Mit Newton konnte man z. B. die Bewegung eines Planeten oder Kometen berechnen, ohne gleich alle Planeten und deren Monde mit ins Kalkül zu ziehen. Immer konnte man einfache Modelle finden, mit denen man ein Phänomen schon sehr gut beschreiben konnte, und wobei eine Präzisierung des Modells nur zu kleineren Korrekturen führte. Aber nicht jedes einfache Modell muss sinnvoll sein. Es muss sich also erst noch als solches zeigen, und zwar dadurch, dass es auch im Fortgang der Überlegungen zu fruchtbaren weiteren Ideen führt und schließlich zu Ergebnissen, die man überprüfen kann.

Diese Erkenntnis Galileis war die Initialzündung für die erste Theorie der modernen Physik, die fortan ein Vorbild für jede Theorie einer empirischen Wissenschaft werden sollte. In der Tat ist diese Idee Galileis nur zwei Generationen später von Issac Newton in die Axiome seiner Theorie der Bewegung aufgenommen. Sie wurde zum 1. Axiom und legte dabei die Form einer Bewegung fest, die wir heute als Nullelement eine Bewegung bezeichnen würden und die nun auch die Rolle der Ruhe übernimmt. Sie bleibt „in Ewigkeit“ erhalten, wenn nicht ein „Etwas“ Einfluss auf das sich so bewegende Objekt nimmt und damit eine Änderung dieser Bewegung erzwingt. Newton hat dann im 2. Axiom die Beziehung zwischen diesem Einfluss und der Änderung spezifiziert.

Auch die Vorstellung von Raum und Zeit, die Galilei implizit getroffen hat, findet bei Newton eine explizite Erwähnung. In seinen Vorannahmen heißt es: „Der absolute Raum bleibt vermöge seiner Natur und ohne Beziehung auf einen Gegenstand stets gleich und unbeweglich“ und „Die absolute, wahre und mathematische Zeit verfließt an sich und vermöge der Natur gleichförmig und ohne Beziehung auf irgendeinen Gegenstand“.

Über den Erfolg der Newtonschen Bewegungstheorie, die ein grundlegender Teil der klassischen Physik wurde, muss hier nichts gesagt werden. Für 200 Jahre war sie das einzige Beispiel für eine Theorie in einer strengen Wissenschaft.

4.2 Raum und Zeit als Arena für eine Bewegung

Heute formulieren wir die Idee eines freien Teilchens, dessen Bewegung und die Annahmen über Raum und Zeit, etwas präziser, wobei die mathematischen Begriffe, die wir dabei gebrauchen, auch schon zu Newtons Zeiten bekannt waren. Wir stellen uns den Raum, in dem wir leben, als einen drei-dimensionalen Raum vor, in dem die Euklidische Geometrie gilt. Der griechische Mathematiker Euklid von Alexandria hat um etwa 300 v. Chr. in seinem Werk „Elemente" das antike Wissen über die Geometrie im zwei- und dreidimensionalen Raum zusammengefasst (Euklid, kein Datum).

In diesem Raum ist eine gerade Linie definiert als die kürzeste Verbindung zwischen zwei gegebenen Punkten. Bewegungen können wir in diesem Raum beschreiben, indem wir einen Punkt als Bezugspunkt erklären und diesen zum Ursprung eines Koordinatensystems machen.

Man nennt solch ein Koordinatensystem auch oft ein „Cartesisches" Koordinatensystem, als wenn der französische Philosoph und Mathematiker René Descartes (1596 bis 1650) so etwas als erster eingeführt hätte. Dabei erwähnt Descartes in seinem Werk *La Géométrie* niemals explizit ein Koordinatensystem, er gebraucht aber „Hauptgeraden", die sich in einem Punkte treffen und so Referenzpunkt und Achsen darstellen. Er konnte also die Punkte einer geometrischen Kurve durch eine Menge von Paaren (x, y) beschreiben (nach (Maanen 1999, S. 47)). Heute lernt jedes Schulkind, wie man ein Schaubild für einen Zusammenhang zwischen zwei Variablen mit einem zweidimensionalen Koordinatensystem darstellt.

Solch ein Koordinatensystem macht deutlich, dass der Ort oder die Geschwindigkeit eines Objektes Relationen sind, d. h. Ort und Geschwindigkeit sind immer in Bezug auf ein anderes Objekt zu betrachten. Der Referenzpunkt des Koordinatensystems spielt dabei die Rolle des Ortes des andern Objektes und die Achsen zeichnen zwei bzw. drei Richtungen aus, in Bezug auf die der Ort eindeutig bestimmt werden kann. Die Geschwindigkeit ist so auch eine Beschreibung der Änderung des Ortes relativ zum Bezugspunkt. Galilei machte sich das an der Bewegung eines Schiffes klar. Ein Gegenstand auf dem Schiff, der sich dort in Ruhe befindet, ist für den Beobachter an der Küste in Bewegung.

Ein Ort *P* im Raum ist also zunächst einmal eine Entität. Ich kann darauf zeigen: Diesen Ort meine ich. Es ist eine Entität ohne Eigenschaften. Sobald man dem Ort *P* Koordinaten gibt, hat man ihn als Relation R(*P, Q*) erkannt, wobei *Q* für den Ort steht, den man als Ursprung des Koordinatensystems gewählt hat.

4.3 Der Ort als Punkt in einem Koordinatensystem

Newton musste also den Ort eines Teilchens, das wir uns hier immer als ein mesoskopisches Objekt vorstellen, als einen Punkt in einem dreidimensionalen Koordinatensystem darstellen können, und die Geschwindigkeit mit der Veränderung des Punktes mit der Zeit in Beziehung setzen. Auch hier hat man es wieder mit einem sehr einfachen Modell zu tun. Ein ganzes Objekt, dass u. a. Größe und Masse besitzt, wird durch einen Punkt simuliert.

An den Begriff des Punktes hat man sich seit der Antike gewöhnt. Euklid sprach in seiner Geometrie schon davon. In seinen 1. Buch heißt es in der ersten Definition: „Ein Punkt ist, was keine Teile hat.“ Diese wird der Problematik des Begriffes „Punkt“ keineswegs gerecht, lädt aber immerhin dazu ein, intuitiv damit umzugehen. Eigentlich ist der Punkt nur ein gedachter Endpunkt eines Prozesses, in dem man sich eine Strecke immer kleiner werdend vorstellt. Ob das in der Natur überhaupt realisiert sein kann, ist hier nicht die Frage. Die Beschreibung des Ortes eines Objektes durch einen Punkt soll nur dazu dienen, diesen Ort mit einer Zahl, genauer mit drei Zahlen wegen der Dreidimensionalität unseres Raumes, beschreiben zu können. Man kauft sich damit die Unterstellung ein, dass es im Folgenden nicht auf die Größe des Objektes ankommt, dass man sich die Masse des Objektes also im Punkt versammelt denken kann.

Dieser Begriff eines „Punktteilchens“ ist schon merkwürdig: Ein Etwas, was keine Teile hat, aber eine Masse. Hier muss man schon einen großen Mut zur Abstraktion haben und das Ziel, die Bewegung in einem dreidimensionalen Koordinatensystem fest im Blick haben.

Hier konnte Newton aber von früheren Denkern lernen. René Descartes hatte entdeckt, dass man die geometrischen Überlegungen der antiken Mathematiker auch durch arithmetische Berechnungen nachvollziehen kann. Er hatte damit eine „Analytische Geometrie“ begründet. Diese erwies sich so mächtig und praktisch, dass Arithmetik und Algebra die Geometrie als dominantes Gebiet der Mathematik ablösten. Grundlegend dafür war die Idee des Koordinatensystems gewesen, die es ermöglichen, z. B. im Zweidimensionalen den Eckpunkten eines Dreiecks eindeutige Adressen in Form von jeweils zwei Zahlen zuzuordnen.

Wenn man das für solche Eckpunkte gelernt hat, dann ist der Gedanke nicht weit, das auch für einen Ort eines Objektes im dreidimensionalen Raum zu tun.

Die Annahme, dass man Positionen in Raum und Zeit durch Zahlen beschreiben kann, ist für uns so selbstverständlich geworden, dass wir gar nicht daran denken, sie zu hinterfragen. In der Tat haben wir mit dieser Annahme bisher alle sehr erfolgreichen physikalischen Theorien entwickeln können – auch die Quantentheorien, wie wir sehen werden. Man kann sich aber des Eindrucks nicht erwehren, dass diese Annahme eines Tages für eine tiefere Einsicht in die Natur von Raum und Zeit fallen gelassen werden muss. Vielleicht geschieht das bei der Exploration der Welt der größten Dimensionen, bei der Weiterentwicklung der Kosmologie, die in heutiger Zeit Fahrt aufnimmt. Vielleicht muss auch nicht einmal eine Quantisierung der modernen Gravitationstheorie dazu notwendig sein.

4.4 Zeitabhängigkeit und Geschwindigkeit

Wenn man für das Triple von Koordinaten eines Objektes im dreidimensionalen Raum einfach das Symbol $\boldsymbol{x}$ einführt, dann kann man mit $\boldsymbol{x}(t)$ den Ort des Objektes in Abhängigkeit von der Zeit t in einem Koordinatensystem als eine Linie darstellen. Hier unterstellt man, dass man wie von Ortspunkten auch von Zeitpunkten reden kann. Nur so kann man „ein Jetzt" mit einer Zahl verknüpfen, insbesondere ein spezielles „Jetzt" als $t=0$ festlegen und so einen Zeitpunkt nur durch eine Zahl charakterisieren.

Die Geschwindigkeit eines Objektes ist nun durch das Verhältnis $d\boldsymbol{x}/dt$ definiert, wobei $d\boldsymbol{x}$ der in der Zeit dt zurückgelegte Weg sei. Um nun die Geschwindigkeit in einem „Jetzt" zu berechnen, müsste man die Zeitspanne dt so klein wie möglich wählen. Je kleiner dt, umso kleiner auch jede Komponente von dx. Man möchte wissen, wie sich das Verhältnis entwickelt, wenn man dt immer kleiner wählt, Nenner und Zähler des Verhältnisses also immer kleiner werden. Am Ende der Entwicklung erhielte man $\mathbf{0}/0$; das aber ergäbe keinen Sinn.

Hier entstand für Newton also ein mathematisches Problem, das er zunächst lösen musste, wenn er die Änderung des Ortes eines Objektes beschreiben wollte. Er musste entdecken, wie man das Verhältnis dx/dt der Differenzen dx und dt in dem Grenzfall, in dem $dt=0$ wird, verlässlich für jeden Verlauf $\boldsymbol{x}(t)$ bestimmt.

Aber nicht nur Newton stand vor dem Problem, ein Verfahren für Berechnung eines solchen Differentialquotienten zu finden, auch Gottfried Wilhelm Leibniz (1646 bis 1716) stieß darauf, als er ein im Rahmen der Mathematik die Tangente in einem Punkt des Graphen einer Funktion bestimmen wollte. Beide lösten dieses Problem. Es entstand so eine „Differentialrechnung", in welcher dann der

Begriff „Differentialquotient" eine zentrale Rolle spielte. Wie jeder der beiden dieses zunächst auf seine Art erreichte, wie man im Laufe der Zeit eine einheitliches Verfahren formulieren konnte, und welch ein Streit zwischen den beiden Mathematikern, insbesondere deren Nachfolgern und Verehrern entbrannte – das alles ist eine andere Geschichte, die hier nicht zum Thema gehört.

4.5 Ein Relativitätsprinzip

Galilei hatte bei seinem Experiment mit der Kugel (vgl. Abschn. 4.1) auch verstanden, dass sich die Kugel in einem Bezugssystem, in dem sich der Bezugspunkt mit der Kugel bewegt, in Ruhe befindet. Wenn er nun die Idee, dass sich diese Kugel auf der waagerechten Ebene „in Ewigkeit mit gleichförmiger Geschwindigkeit" bewegt, akzeptiert, dann befindet sich die Kugel in dem andern Bezugssystem, in dem sich der Bezugspunkt mit der Kugel bewegt, „in Ewigkeit" in Ruhe.

Wir haben es also hier mit zwei Bezugssystemen zu tun, die sich gegeneinander mit „gleichförmiger Geschwindigkeit", präziser „geradlinig gleichförmiger Geschwindigkeit" bewegen.

Galilei bemerkte auch, dass auf einem gleichmäßig fahrenden Schiff physikalische Prozesse in gleicher Form ablaufen wie an Land. Sie sind also unabhängig davon, welchen Bezugspunkt und welches zugehörige Koordinatenachsensystem man wählt. Mit der Zeit erkannte man, dass diese Unabhängigkeit der physikalischen Prozesse nur dann vorliegt, wenn die beiden Bezugspunkte sich geradlinig gleichförmig gegeneinander bewegen. Jede andere Bewegung riefe zusätzliche Phänomene hervor.

Es gibt also offensichtlich eine spezielle Relation zwischen zwei Orten, die dadurch ausgezeichnet ist, dass sich die physikalischen Phänomene nicht ändern, wenn man von einem Ort zum anderen wechselt. Das gleiche gilt wohl auch für Koordinatensysteme, die den jeweiligen Ort als Bezugspunkt besitzen. Diese Aussagen wurden also schon Galilei nahegelegt. Er hat sie sicher nicht in dieser Weise formulieren können, Dafür lebte er noch in einer Epoche, in der die Mathematik hauptsächlich in Form von Geometrie genutzt wurde.

Wie immer, wenn man glaubt, einem grundsätzlichen Verhalten der Natur auf der Spur zu sein, fängt man dieses mit einem Prinzip ein, um „Boden unter die Füße" zu bekommen. So entstand das Galileische Relativitätsprinzip. In moderner Formulierung heißt es: *Die Gesetze, nach denen sich die Zustände der physikalischen Systeme ändern, sind unabhängig davon, auf welches von zwei relativ zueinander in geradlinig gleichförmiger Bewegung befindlichen*

Koordinatensystemen diese Zustandsänderungen bezogen werden. (nach (Einstein 1905, S. 769–782), angepasst). Hier ahnt man, woher der Name „Relativitätstheorie" für die Einsteinsche Bewegungs- und Gravitationstheorie herstammt. Dort spielt das Einsteinsche Relativitätsprinzip eine grundlegende Rolle.

4.6 Der Begriff des Zustands in der klassischen Physik

Dadurch, dass wir ein Objekt als „freies Teilchen" modelliert haben und dann noch als Punktteilchen, sind von allen möglichen Eigenschaften und Relationen eines Objekts nur der Ort und die Geschwindigkeit, jeweils in Relation zu einem bestimmten Bezugspunkt, übriggeblieben. Diese Modelle sind damals von Galilei und Newton im Hinblick darauf gebildet worden, dass sie die Bewegung von Objekten verstehen wollten. Sie unterstellten, dass man dabei nur die Größen „Ort" und „Geschwindigkeit" in Rechnung zu stellen hat.

Die Menge derjenigen Merkmale von Objekten, die man für die Klärung eines Phänomens als relevant erachtet, nennt man den „Zustandsraum" des Systems. Der „Zustand" ist dann charakterisiert durch konkrete Werte der Merkmale. Der Zustandsraum eines Objekts besteht in der Newtonschen Mechanik also aus der Menge der beiden Größen Ort und Geschwindigkeit. Dabei hat sich herausgestellt, dass man an Stelle der Geschwindigkeit besser den „Impuls" $\boldsymbol{p}(\mathrm{t}) = m\, d\boldsymbol{x}(t)/\mathrm{d}t$ betrachtet, wobei m die Masse des Objektes bedeuten soll. Für unsere Überlegungen spielt die Hinzunahme dieses Vorfaktors keine Rolle. Damit stellt sich der Zustand nun als $z(\mathrm{t}) := (\boldsymbol{x}(t), \boldsymbol{p}(t))$ dar. Hier sei darauf hingewiesen, dass beide Zustandsgrößen messbare Größen, also „Observable" sind. Dieses scheint selbstverständlich zu sein. In der Quantenmechanik wird das aber nicht der Fall sein.

Für ein freies Teilchen ist dabei die Geschwindigkeit $dx(t)/dt$ und damit der Impuls $\boldsymbol{p}$ zeitlich konstant in Richtung und Größe, während der Ort $\boldsymbol{x}(t)$ sich auf einer geraden Linie bewegt. Zu erklären sind nun, wie es zu Bewegungen kommen kann, die von dieser Form abweichen. Dazu gibt Newton in seinem 2. Axiom ein Verfahren an, in dem er Kräfte für die Abweichung verantwortlich macht und auch gleich eine Form für die Gravitationskraft vorschlägt. Wie erfolgreich dieser Ansatz wurde und wie damit eine moderne Physik zu einem ersten Höhepunkt geführt werden konnte, kann hier nicht weiter beschrieben werden.

Die Merkwürdigkeiten in der Quantenmechanik

5

Wenn ich mich nun den Quanten zuwende, die man bei der Erkundung des Landes der kleinsten Dimensionen entdeckt hat, will ich nicht darüber berichten, wie sich im Laufe der 30 Jahre zu Beginn des letzten Jahrhundert eine erste Theorie für diese Entitäten des Landes der kleinsten Dimensionen entwickelt hat und wie man sich einige Klarheit über deren Merkmale verschaffen konnte. Ich habe das ausführlich in (Honerkamp 2010) getan. Um eine Geschichte der Physik wird es hier nur am Rande gehen, die Philosophie der Physik im Sinne einer Diskussion der Begriffe und deren Beziehungen soll hier im Mittelpunkt stehen.

5.1 Merkmale von Quanten

Die Menge der Quanten, die man in der Quantenphysik bisher kennen gelernt hat, ist sehr groß, und es führt nicht weit, wenn man sie hier vorstellt. Wichtiger ist es, sich hier ein Bild über die bedeutsamsten Merkmale zu machen, um dann zu diskutieren, wie diese von den Merkmalen der klassischen Physik abweichen. Natürlich übertrug man zu Beginn der Erkundung alle Vorstellungen, die man aus der klassischen Physik kannte, auf die Quanten. Man wurde dann aber gezwungen, viele dieser Begriff erheblich zu modifizieren oder ganz aufzugeben. Die Unterscheidung von wesentlichen und akzidentellen Merkmalen einerseits und zeitunabhängigen und zeitabhängigen konnte man aber beibehalten. Die zeitabhängigen Begriffe „Ort“ und „Impuls“ spielen auch in der Quantenmechanik eine prominente Rolle.

Auch die „Masse“ ist zu erwähnen. Dieses Merkmal ist aber nun im Gegenteil zur klassischen Physik ein wesentliches Merkmal. Elektronen z. B. haben

J. Honerkamp, *Über die Merkwürdigkeiten der Quantenmechanik*, essentials, https://doi.org/10.1007/978-3-658-31879-6_5

alle die gleiche Masse. Ein „schwereres" Elektron wäre keines mehr, wäre ein anderes Quant, das sich vielleicht bei anderen Merkmalen auch nur als elektron-ähnlich erweist. Die Masse ist auch zeitunabhängig; man kann sie heute sehr genau bestimmen. Die „elektrische Ladung" ist von gleicher Art wie die Masse, sie spielt die Rolle der Masse in der Theorie des Elektromagnetismus. Man sollte aber hier nicht verschweigen, dass das Merkmal, das man in Quantenfeldtheorien als Masse bezeichnen würde, nicht mehr als konstante Größe angesehen wird, sondern von der Energieskala abhängt, auf der man sie betrachtet.

Als drittes wesentliches und zeitunabhängiges Merkmal eines Quants sei hier noch der „Spin" erwähnt. Dieses ist eine Größe, die nicht einfach durch eine Zahl inklusive einer Dimension angebbar ist, sondern durch eine mathematische Struktur beschrieben werden kann, die derjenigen eines Drehimpulses der klassischen Physik ähnelt. Im Rahmen dieser Struktur gibt es so etwas wie einen „Gesamtspin", entsprechend dem Betrag eines Drehimpulses. Dieser Gesamtspin S kann die Werte 0, 1/2, 1, 3/2, …, also halbzahlige Werte annehmen und ist ein wesentliches Merkmal eines Quants. So wie es drei Drehimpulskomponenten gibt, gibt es aber auch drei „Spin-Komponenten" (S_x, S_y, S_z) bezüglich der Achsen eines vorgegebenen Koordinatensystems. Für $S = 0$ können z. B. jede dieser Komponenten auch nur den Wert 0 haben, für $S = 1/2$ je nach Situation die Werte 1/2 oder $-1/2$ und für $S = 1$ die Werte -1, -0, 1.

5.2 Die Ununterscheidbarkeit von Quanten

Eine höchst merkwürdige Eigenschaft von Quanten zeigt sich, wenn sie in „Gesellschaft von ihresgleichen" sind. Diese entdeckte man, als man die quantenmechanischen Begriffe und Konzepte auf Systeme von mehreren Quanten anzuwenden begann. In der Statistischen Mechanik, in der man ein Gas als System von sehr vielen Atomen betrachtete, wollte man diese nun nicht mehr als kleine harte Kugeln betrachten, sondern als gleichartige Quanten. Beziehungen wie zwischen dem Druck und dem Volumen eines Gases können bei tieferen Temperaturen aber nicht mehr mit den Gleichungen der klassischen Thermodynamik oder Statistischen Mechanik beschrieben werden.

Bei der Vorstellung einer „Gesellschaft von ihresgleichen" betrachtet man also jeweils eine Menge von Atomen oder von Elektronen, Photonen, eben von Quanten. Diese sind nun alle gleich, und zwar so gleich, wie es überhaupt möglich ist. Denn es gibt ja für jede Art dieser Quanten nur ganz wenige Merkmale, in denen sie gleich sein müssen. Diese sind: Masse, Ladung, Spin, und bei Atomen noch der Aufbau aus einigen Konstituenten. Sind diese festgelegt, so kann man sie nicht unterscheiden.

In unserer mesoskopischen Welt nennen wir zwei verschiedene Objekte auch gleich, wenn wir sie nicht unterscheiden können. Wir brauchen aber nur etwas genauer hinschauen, um doch irgendwelche kleine Unterschiede festzustellen. Diese Objekte bestehen ja aus sehr vielen Atomen und damit sehr vielen kleinen Substrukturen, die jedem mesoskopischen Objekt ein eigenes „Gesicht" geben oder eine eigene Identität. Wir müssen nur genau genug hinsehen. Auf der Ebene der Quanten ist damit aber Schluss, hier haben wir offensichtlich den Boden erreicht und können, wenigstens bis heute, keine Unterschiede mehr entdecken, wenn wir z. B. eine Menge von Elektronen betrachten.

Das ist aber nicht die ganze Geschichte, das versteht man auch, wenn man die Quanten als kleine klassische Kugeln betrachtet. Wir stellen uns aber immer noch vor, dass wir die Kugeln durchnummerieren und damit den einzelnen Kugeln jeweils eine Nummer geben könnten. Eine Konfiguration, in der wir uns die Kugeln mit ihren Nummern an verschiedenen Orten vorstellen, wäre dann verschieden von einer Konfiguration, an der auch Kugeln am denselben Orten wären, nur dass die Kugeln nun anders auf die Orte verteilt sind. Bei N Kugeln gäbe es insgesamt $N! = 1 \cdot 2 \cdot 3 \cdot \ldots \cdot N$ solcher Konfigurationen.

Die Anzahl der möglichen Konfigurationen geht nun in viele Berechnungen der Statistischen Mechanik ein. Wenn man also ein Gas von N Atomen betrachtet und dort Beziehungen zwischen Messgrößen wie Druck, Volumen und Temperatur herleiten will, wird bald der Faktor N! in die Rechnung eingehen. Dieser Term führt aber auf ein widersinniges Resultat, das als Gibbssches Paradoxon in der Geschichte der Physik vor der Quantenmechanik eine große Rolle spielte. Josiah Williard Gibbs (1839 bis 1903) war einer der Begründer der Statistischen Mechanik, amerikanischer theoretischer Physiker und seit 1871 Professor an der Yale University.

Die Auflösung des Paradoxons geschah erst durch die Quantenmechanik. Man lernte dort wie auch bei anderen Berechnungen, dass die N! Konfigurationen gleichartiger Quanten nicht wirklich als N! Konfigurationen zu betrachten sind, sondern nur als eine einzige. Tauscht man bei einer Konfiguration zwei Quanten aus, so ergibt sich in der Quantenmechanik keine neue Konfiguration. Die Quanten haben also keine eigene Individualität, im Gegensatz zu einer Kugel, bei der es Sinn macht, ihr eine Nummer oder einen Namen zu geben.

Wir kennen eine solche Situation höchstens vom Geld. Eine Anzahl von N 100 €-Beträgen ergibt den Betrag von 100 N €, aber es ist völlig unerheblich, in welcher Form dieser Betrag zusammenkommt. Es zählt nur eine Form, welche auch immer. Das scheint uns hier selbstverständlich zu sein, deshalb lachen wir auch über den Witz, in dem an der Kasse einer Bank der Mann hinter dem Schalter einem Mütterchen erklärt: „Bei uns ist gestern Nacht eingebrochen worden und, denken Sie, der Einbrecher hat gerade auch Ihr Geld mitgenommen."

Hier wird die Situation durch Verabredung erzeugt. Bei den Quanten soll es aber Realität sein, also unabhängig von uns eine Tatsache sein. Hermann Weyl hat diese Situation auch so ausgedrückt: „Von Elektronen kann man prinzipiell nicht den Nachweis ihres Alibi verlangen" (Weyl 1931), d. h. man kann nicht sagen, welches Elektron es war, wenn man ein Phänomen beobachtet, bei dem ein Effekt durch ein einzelnes Elektron hervorgerufen wird.

Hier stehen wir vor einer Situation, die völlig neu für uns ist und bei genauem Hinsehen immer merkwürdiger erscheint. Die Vorstellungen, die wir dagegen in unserer Welt der mittleren Dimensionen entwickelt haben, hat Gottfried Wilhelm Leibniz in seinem Prinzip von der Identität des Ununterscheidbaren ausgedrückt (Wikipedia: Principium identitatis indiscernibilium). Danach gibt es „keine zwei qualitativ absolut identischen, aber real verschiedenen Dinge in der realen Wirklichkeit." Anders ausgedrückt: Ein Gegenstand A ist genau dann mit einem Gegenstand B identisch, wenn sich zwischen A und B kein Unterschied finden lässt (Wikipedia: Identität (Logik)). Er war nicht der erste und auch nicht der letzte Philosoph, der sich über diesen Punkt in ähnlicher Weise geäußert hat. Danach wäre es schon merkwürdig, dass es überhaupt mehr als ein Elektron bzw. ein Quant von der gleichen Sorte gibt.

Man hat in der Philosophie natürlich versucht, die Individualität der Quanten in irgendeiner Form zu retten. Dabei kommt die Idee einer „Substanz" wieder ins Spiel, also eine Entität, die selbst keine Merkmale besitzt, aber Träger von Eigenschaften sein kann. Aber woher kommt dann die Individualität? Man hat andererseits einfach die Existenz einer primitiven Form von Individualität, eine „Diesheit", gefordert. Eine rege Diskussion ist da entstanden, die sich deutlich als „Metaphysik" zeigt (French 2019).

5.3 Der Zustandsbegriff in der Quantenmechanik

Die Merkwürdigkeit, die sich aus der Ununterscheidbarkeit der Quanten ergibt, ist nicht die einzige. Noch viel größer wird der Unterschied zu unseren gängigen Vorstellungen, wenn wir den Zustand eines Quants betrachten. Erinnern wir uns: Der Zustand eines klassischen Teilchens ist in einfachster Form durch zwei Observablen Ort und Impuls charakterisiert. Ein Zustand zu einer Zeit t konnte also durch die entsprechenden Messergebnisse angegeben werden, also durch ein Paar von Vektoren ($\boldsymbol{x}, \boldsymbol{p}$), wobei $\boldsymbol{x}$ und $\boldsymbol{p}$ jeweils Vektoren in einem dreidimensionalen Raum sind. Die möglichen Werte seien durch jeweils ein Gebiet im Raum und im „Raum" der Impulse gegeben. Wir haben es hier mit kontinuierlichen Werten zu tun.

5.3.1 Die Überlagerung

Um jetzt in ähnlicher Weise den Zustand eines Quants im Rahmen der Quantenmechanik einzuführen, stellen wir uns zunächst einen Zustand mit einer einzigen Messgröße L vor, die auch nur diskrete Werte annehmen kann, sagen wir nur 1 oder -1. Diese Beschränkung auf wenige diskrete Messwerte macht die folgenden Überlegungen einfacher, werden bald aber auch für realistische Situationen relevant werden. Da wir hier nur von einer einzigen Messgröße reden, wäre in der klassischen Physik der Zustand schon dann entweder durch die Zahl 1 oder -1 gekennzeichnet. Natürlich kann dahinter ein komplizierter mathematischer Ausdruck stehen, der sich in der Theorie ergibt und aus dem man berechnen kann, dass der Messwert 1 bzw. -1 sein muss. Allgemein könnte man für diese beiden Möglichkeiten die Symbole $|1>$bzw. $|-1>$einführen, wobei die Klammern $| \ldots >$historisch bedingt sind und nur dafür sorgen sollen, dass die Messwerte nicht „nackt" dastehen und zur Verwirrung Anlass geben. Ein klassischer Zustand zu einer Zeit t würde also durch die entsprechenden Messergebnisse charakterisiert, nämlich $|\mathrm{L}>$, wobei L entweder 1 oder -1 ist. Der Unterschied zum obigen klassischen Fall ist also nur der, dass es sich hier nur um eine einzige Observable bzw. Messgröße handelt und dass es bei dieser nur zwei unterschiedliche Messwerte geben soll, nicht etwa kontinuierlich viele.

Nun wollen wir sehen, wie in diesem „abgespeckten" Fall der Zustand eines Quants aussieht: Man kann ihn darstellen als

$$|\mathrm{z}> = a|\,1\, > +b|-1\, >,$$

wobei a und b Elemente aus dem Zahlenraum der komplexen Zahlen sind und noch in einer Beziehung zueinanderstehen, die wir bald genauer beschreiben.

Man erinnere sich, dass $|1>$und $|-1>$für mathematische Ausdrücke stehen, man kann sie also mit komplexen Zahlen multiplizieren und beide Ausdrücke dann auch addieren. Man nennt eine solche Summe, bei denen die Summanden noch mit bestimmten Zahlen gewichtet sind, eine Superposition oder eine Überlagerung.

Alle möglichen Messwerte, hier also alle beide, sind nun beim Zustand beteiligt, und zwar mit einem Gewicht, das Auskunft darüber gibt, wie wahrscheinlich sich der entsprechende Wert bei einer Messung ergibt. Die Wahrscheinlichkeit ist für den Messwert 1 ist nämlich gleich $|a|^2$ und für den Messwert -1 ist sie $|b|^2$. Da die Summe der Wahrscheinlichkeiten für zwei komplementäre Ereignisse immer gleich 1 sein muss, folgt also, dass immer $|a|^2 + |b|^2 = 1$ zu gelten hat.

Hier haben wir es also mit einer völligen Abkehr von der Idee zu tun, dass in physikalischen Theorien nur messbare Größen auftreten sollten. Unsere Rechnungen in der Quantenmechanik geschehen wie hinter einem Vorhang, der vor unserer realen Welt aufgehängt ist. Wir haben gelernt, wie man hinter diesem Vorhang zu „handeln" d. h. zu rechnen hat, damit das, was wir vor dem Vorhang sehen, im Einklang mit den Antworten der Natur auf unsere Befragungen, sprich Experimenten, steht.

5.3.2 Schrödingers Katze

Wie fremd, ja, wie absurd solch ein Begriff eines Zustandes dagegen für Dinge in der Welt der mittleren Dimensionen wären, hat Erwin Schrödinger im Jahre 1935 mit einem Gedankenexperiment gezeigt. Im Wesentlichen wendet er dabei diesen Begriff des Zustands aus der Welt der kleinsten Dimensionen auf eine Situation der Welt der mittleren Dimension an. In dieser geht es um eine Katze, bei der nur für zwei Zustände interessieren sollen: entweder tot oder lebendig. Ein quantenmechanischer Zustand der Katze wäre dann eine Überlagerung beider möglichen Zustände, sie wäre dann z. B. zu 30 % tot und zu 70 % lebendig. Das ist ein Paradox, d. h. ein Widerspruch zu unserer aller Erfahrung. Ein Paradox kann man auflösen, wenn man findet, wo man falsche Voraussetzungen gemacht hat. Hier ist es die Voraussetzung, dass man ein klassisches Objekt mit quantenmechanischen Begriffen angemessen beschreiben kann.

Eigentlich müsste man es wohl können, denn ein klassisches Objekt besteht doch aus sehr vielen Quanten. Aber diese wechselwirken miteinander und dieses Zusammenspiel ergibt eben für das Objekt als Ganzes völlig andere Eigenschaften (Emergenz, vgl. Kap. 2). Eine solche Unbestimmtheit darf es also bei einer Beschreibung des klassischen Objektes mit Begriffen, die dem Mesokosmos angemessen sind, nicht mehr geben. Eine Verbindung zwischen den Begriffen der beiden Welten oder „Ländern" stellt natürlich, wie in Kap. 2 schon erwähnt, eine große Aufgabe dar. In Kap. 6werden wir auch bei dem Thema „Dekohärenz" noch einmal darauf zurückkommen.

5.3.3 Die Wellenfunktion

Befassen wir uns hier erst einmal mit einem anderen wichtigen Fall eines quantenmechanischen Zustands. Wir betrachten dazu wiederum nur eine Messgröße, nun den Ort eines Objektes. Hier müssen wir zunächst alle Positionen des dreidimensionalen Raumes als Messgrößen zulassen. Wir hätten nun statt zweier Zustände, die wir überlagern können, deren unendlich viele, die wir auch als $|\boldsymbol{x}>$bezeichnen könnten, wobei $\boldsymbol{x}$ jeder beliebige Ort sein kann. Hier ist aber übersichtlicher, wenn man ein anderes Symbol für diesen Zustand einführt, durch einen mathematischen Ausdruck, der dieser Situation angepasster ist und mit dem man viele Erfahrung in der Mathematik hat. Es zeigte sich in der Entwicklung der Quantenmechanik, dass man einen solchen Zustand durch eine Funktion $\psi(\boldsymbol{x})$ beschreiben kann und dass nun $|\psi(\boldsymbol{x})|^2$ die Wahrscheinlichkeit dafür ist, dass man bei einer Messung den Wert $\boldsymbol{x}$ findet. Diese Formulierung berücksichtigt nicht, dass der Ort $\boldsymbol{x}$ eine mathematische Idealisierung darstellt und somit nicht direkt als Messwert angesehen werden kann. Das soll uns hier aber nicht stören, die angemessenere Formulierung würde uns nur ablenken.

Hier wird also wieder die Menge $\{\boldsymbol{x}\}$ aller möglichen Messwerte betrachtet und der Zustand $\psi(\boldsymbol{x})$ ist wieder ein mathematischer Ausdruck, aus dem man berechnen kann, mit welcher Wahrscheinlichkeit sich jeder mögliche Messwert bei einer Messung ergibt.

5.3.4 Der Raum der Möglichkeiten, die Unbestimmtheit

Wenn man sich die beiden Ausdrücke $|z> = a\ |1> + b\ |-1>$und $\psi(\boldsymbol{x})$ für die beiden Situationen vor Augen hält – hier nur zwei mögliche Messwerte 1 und -1, dort eine Menge kontinuierlicher Werte $\{\boldsymbol{x}\}$ – so sieht man nicht direkt, dass man in beiden Fällen die Zustände als ein Element einer gleichen mathematischen Struktur darstellt, nämlich einem „Vektorraum über den komplexen Zahlen“. Der Unterschied besteht nur darin, dass die Dimension des Vektorraums im ersten Fall zwei, im zweiten Fall aber unendlich ist, wie es auch der Menge der möglichen kontinuierlichen Werte entspricht. Hier ist aber nicht der Platz, um weiter auf die mathematischen Details einzugehen. Auf jeden Fall berücksichtigt der Zustand jeweils alle möglichen Messwerte einer Observablen und es ist immer klar, wie man die Wahrscheinlichkeit für jeden dieser ausrechnen kann. Der Ausdruck für den Zustand enthält alles, was man braucht, um diese auszurechnen: Die Zahlen $\{|a|^2, |b|^2\}$ bzw. $|\psi(\boldsymbol{x})|^2$.

Wichtiger ist hier, dass in der Quantenmechanik nicht mehr ein bestimmter möglicher Messwert wie in der klassischen Physik für eine Zustandsvariable der Theorie steht, d. h. für eine Größe, deren Verhalten mit der Zeit man studieren will. Es sind nun immer viele mögliche Messwerte, „eingepackt" in einem Zustand, aus dem man, entweder über die Parameter a und b oder über die Funktionsvorschrift ψ, die Wahrscheinlichkeit berechnen kann, mit der ein bestimmter möglicher Messwert in einem Experiment tatsächlich realisiert wird.

Man erinnere sich daran, dass man hier immer von einem Zustand zu einer bestimmten Zeit spricht. Die Zahlen a, b wie auch die Funktion $\psi(\boldsymbol{x})$ verändern sich also in der Regel mit der Zeit. Wie das geschieht, muss durch eine Gleichung beschrieben werden. An die Stelle einer nach den Newtonschen Gesetzten aufgestellten Bewegungsgleichung steht nun in der Quantenmechanik die Schrödinger-Gleichung, eine partielle Differentialgleichung für die Wellenfunktion $\psi(\boldsymbol{x})$. Das soll hier aber nicht weiter ausgeführt werden.

Ein Quant besitzt also stets alle Möglichkeiten für eine Observable. Die Beziehungen, die das Quant mit den Dingen der Umwelt hat, bestimmen dabei die Parameter a und b bzw. die Abhängigkeit der Funktion ψ von $\boldsymbol{x}$. Je stärker dieser Einfluss von der Umwelt wird, umso stärker wird die Menge der Möglichkeiten eingeschränkt sein. Bei einer Messung, im Kontakt mit Objekten der Welt der mittleren Dimensionen, schrumpft sie auf nur noch eine Möglichkeit und man erhält einen scharfen Messwert.

Ein quantenmechanischer Zustand beschreibt also nicht einen Zustand eines Objekts, wie wir es natürlicherweise tun würden – durch Angabe von Ort und Impuls des Objekts zum gegebenen Zeitpunkt. Da die Funktion $|\psi(\boldsymbol{x})|^2$ in der Regel eine Verteilung darstellt – mit einem Maximum in einem bestimmten Bereich der $\boldsymbol{x}$-Werte, so wie man es von einer statistischen Verteilung auch kennt, liegt es nahe, diese Funktion wie statistische Verteilungen auch durch bestimmte Parameter wie Mittelwert und Varianz charakterisieren.

Bei statistischen Verteilungen beschreibt die Varianz die Unschärfe der Messung; je kleiner sie ist, umso genauer ist die Messung.

Jeder Wissenschaftler, der es mit Messungen zu tun hat, weiß ja, dass sich bei keiner Messung ein „wahrer Wert" ergibt, wenn es nicht gerade um Messwerte geht, die nur diskret sein können. Denn es gibt immer äußere Einflüsse bei einer Messung. Man kann also in der Regel immer nur einen Wertebereich angeben, in dem ein „wahrer Wert" mit einer vorgegebenen Wahrscheinlichkeit liegt. Der wahre Wert ist ein hypothetischer Wert, auf den der Bereich bei Verschwinden aller Einflüsse schrumpfen würde.

Je kleiner dieser Bereich ist, umso genauer ist die Messung. Deshalb werden als Resultat für eine Messung immer ein Mittelwert und eine Unschärfe angegeben. Das kann oft in Form einer so genannten Standardabweichung geschehen, die man aus den Ergebnissen wiederholter Messungen ableitet. Die Unschärfe ist ein Maß für die Größe des Bereichs.

Wenn wir nun aber einen quantenmechanischen Zustand betrachten, dann haben wir es zwar auch mit einer Verteilung zu tun, können die gleichen mathematischen Mittel benutzen, um diese zu charakterisieren, müssen dabei aber immer bedenken, dass die Verteilung nun aus ganz anderen Gründen vorliegt. Es gibt in dem Land der kleinsten Dimensionen gar nicht die Möglichkeit, z. B. von einem genau bestimmten Ort eines Objektes zu sprechen. Es kann nicht mehr durch eine Zahl oder deren drei beschrieben werden, wo sich im Raum ein Objekt befindet – so wie wir es im klassischen Fall getan haben. Wir haben es immer, wie vorher ausführlich dargelegt, mit einer Verteilung von möglichen Messwerten zu tun. Statt von einer Unschärfe sollte man nun von einer „Unbestimmtheit" reden. Diese beiden „Ungewissheiten" muss man gut auseinanderhalten, die Unschärfe ist bei jeder Messung vorhanden und ist dem Umstand geschuldet, dass wir unsere Messungen in einem Land der mittleren Dimensionen tätigen. Die Unbestimmtheit ist ein Charakteristikum der Natur auf kleinsten Längenskalen.

Man möchte meinen, dass damit der Zustand nicht vollständig beschrieben ist, denn wir sind gewohnt, dass eine Größe, die man messen kann, auch immer schon einen bestimmten Wert hat – auch wenn sie nicht gemessen wird und auch wenn sie sich bis zu einer Messung ändert. Wir nennen das die Realität. Der Mond ist an seinem Ort, auch wenn keiner hinschaut. Wenn ich durch den stillen Wald gehe, frage mich manchmal, wie sähe dieser aus – besser gesagt, wie würde er „sein", wenn ich gerade nicht da wäre. Natürlich genauso.

Nun gibt es zwar einen Unterschied zwischen der „Messung" eines Waldes durch Hinschauen und einer Messung eines Quants. Jede Messung eines Quants geht mit einem Einfluss auf dieses Quant einher und dieser Einfluss kann nicht mehr wie bei makroskopischen Objekten vernachlässigt werden. Messsonde und zu messendes Objekt befinden sich auf gleicher „Augenhöhe". Mit solchen Überlegungen glaubte man früher einige Zeit die Eigenart des quantenmechanischen Zustands erklären zu können. Dabei kam man aber nie zu einem schlüssigen Ergebnis, denn damit ist nicht die Tatsache aus der Welt geschafft, dass man den quantenmechanischen Zustand unabhängig von einer Messung durch die Menge der möglichen Messwerte und deren Wahrscheinlichkeiten angeben muss.

Ein Quant ist also im Allgemeinen nicht „real" im Sinne der Realität unserer Welt der mittleren Dimensionen. Diese Vorstellung von einer Realität wäre dann also ein emergentes Phänomen, das sich erst auf der Ebene der mittleren Dimensionen durch das Zusammenspiel sehr vieler Quanten ergäbe. Das zu zeigen, stellt sich aber heute noch als Problem dar, wie wir in Kap. 6 sehen werden.

5.3.5 Die Unbestimmtheits-Relation

Erinnert man sich an den Zustand eines klassischen Teilchens, der durch Ort und Impuls charakterisiert wird, so wird man sich fragen, wo denn bei dem quantenmechanischen Zustand, wenn er durch eine Funktion $\psi(\boldsymbol{x})$ beschrieben wird, die Observable Geschwindigkeit bzw. Impuls auftaucht. Hier macht sich bemerkbar, dass man in der Quantenmechanik einen Unterschied zwischen einem Zustand und den Observablen macht, die man bei einem Zustand messen kann.

In der klassischen Physik wird der Zustand direkt durch die Observablen angegeben. Ein spezieller Zustand enthält also jeweils einen bestimmten Messwert jeder Observablen. In der Quantenmechanik haben wir bisher nur einen Zustand kennengelernt, in dem nur eine Observable eine Rolle spielen soll. Aber hier enthält dieser Zustand alle möglichen Messwerte der Observablen und ein bestimmter Zustand ist durch die Parameter gegeben, die die Wahrscheinlichkeit für die Realisierung der entsprechenden Messwerte bestimmen. Der Zustand beschreibt also die Möglichkeit, wie sich das Objekt in der Welt der mittleren Dimensionen zeigen kann. Ist der Zustand eines Quants z. B. in Form von $\psi(\boldsymbol{x})$ gegeben, kann man sofort sehen, dass der Ort des Quants unbestimmt ist, und die Größen $|\psi(\boldsymbol{x})|^2$ stellen dann für jeden Ort $\boldsymbol{x}$ diese Parameter dar.

Die Observable „Ort" spielt aber keine Sonderrolle, auch die Observable „Impuls" ist in der Regel unbestimmt. Die Unbestimmtheit ist die Regel. Eine Ausnahme würde auf eine besondere Situation hindeuten. Da die Größe $|\psi(\boldsymbol{x})|^2$ eine statistische Verteilung darstellt, kann man die Unbestimmtheit auch mit der Unschärfe dieser Verteilung charakterisieren, also mit deren Varianz. So kann man für jede Observable in jeder Situation eine Unbestimmtheit berechnen.

Sei nun $\sigma(x)$ die Unbestimmtheit eines Zustands bezüglich einer Ortskoordinate, $\sigma(p)$ die Unbestimmtheit bezüglich der Impulskoordinate gleicher Richtung. Spektakulär ist nun, dass diese Unbestimmtheiten nicht unabhängig voneinander sind. Es ergibt sich nämlich die Ungleichung

$$\sigma(\mathrm{x}) \cdot \sigma(\mathrm{p}) \geq \mathrm{h}/4\pi\,.$$

Dabei ist h das Planck'sche Wirkungsquantum. Diese Größe ist wie die Geschwindigkeit des Lichtes im Vakuum eine Fundamentalgröße der Natur. Sie spielt in allen Gleichungen der Quantenmechanik eine Rolle in ähnlicher Weise, wie die Lichtgeschwindigkeit in allen relativistischen Theorien auftaucht.

Paare von Observablen, die solche gegenläufige Tendenzen in der Bestimmtheit aufweisen, nennt man „komplementär". Die obige Gleichung besagt, dass die

Unbestimmtheit des Ortes, grob gesagt, umso größer ist, je kleiner diese für den Impuls ist. Lässt man in der Formel $\sigma(\mathbf{x})$ gegen 0 gehen, so muss $\sigma(\mathbf{p})$ unendlich werden. Solch ein Zustand eines Quants wäre aber ein nie realisierbarer Extremfall.

5.4 Nichtlokalität und Nichtseparabilität

Neben der Unbestimmtheit und der Nicht-Unterscheidbarkeit, von der schon in Abschn. 5.2berichtet worden ist, gibt es noch eine dritte prominente Merkwürdigkeit der Quanten. Diese kommt ans Licht, wenn man eine mathematische Beschreibung für ein System von mehreren Quanten sucht. Wir können uns hier auf ein Zwei-Quantensystem beschränken, denn daran erkennt man das allgemeine Prinzip.

5.4.1 Der Zustand eines Systems von zwei Quanten

In der Klassischen Physik, in der die Angabe des Ortes und der Geschwindigkeit bzw. des Impulses den Zustand eines Teilchens bestimmen, braucht man nur diese Größen für noch ein zweites Teilchen anzugeben. Der Zustand ist dann z. B. durch die Menge $(\mathbf{x}_1, \mathbf{p}_1; \mathbf{x}_2, \mathbf{p}_2)$ bestimmt. Das ist genau das, was man erwartet.

Um einen Zustand für ein System von zwei Quanten zu formulieren, betrachten wir zunächst wieder den Fall einer Observablen, bei der es nur zwei Messwerte geben kann. Das ist z. B. bei einem Elektron gegeben, wenn man eine bestimmte Spin-Komponente betrachtet. Dann seien die möglichen Messwerte 1/2 und −1/2.

Wie ein Zustand für ein Zweiquantensystem nun zu formulieren ist, kann hier nicht konkret vorgeführt werden. An besonders einfachen Zuständen kann man aber sehen, wie das zunächst allgemein zu geschehen hat. Man schreibt einfach die Zustände für Quant 1 und Quant 2 hintereinander und vereinbart, dass in den Berechnungen alle mathematischen Operationen, die Quant 1 betreffen auf das erste Symbol anzuwenden sind und dass Entsprechendes für Quant 2 gilt.

So ist z. B. |1/2>|−1/2>ein Zweiquant-Zustand, in dem bei Quant 1 mit 100 % Wahrscheinlichkeit der Wert 1/2 für die in Betracht gezogene Spin-Komponente gemessen würde und bei Quant 2 sich mit Sicherheit der Wert −1/2 ergibt. Ein ähnlicher Zustand wäre |−1/2>|1/2>.

Das Zweiquant-System ist ja nun auch ein Quant und man hat die gleichen Möglichkeiten der Bildung von Zuständen wie bei einzelnen Quanten. Dann ist die Überlagerung der beiden eben erwähnten Zuständen auch wieder als ein möglicher Zweiquant-Zustand anzusehen, es gibt also z. B. einen Zustand

$$|D>= c\,|1/2>|-1/2> + d\,|-1/2>|1/2> .$$

Für diesen ergibt sich bei einer Messung, dass mit Wahrscheinlichkeit $|c|^2$ der Zustand $|1/2>|-1/2>$ und mit Wahrscheinlichkeit $|d|^2$ der Zustand $|-1/2>|1/2>$ vorliegt. Erwin Schrödinger hat solche Überlagerungen von Mehrquanten-Zuständen als „verschränkte" Zustände bezeichnet.

Hier kommt also wieder ins Spiel, dass man in der Quantenphysik Zustände überlagern kann und damit kann alles, was bisher an Merkwürdigkeiten aufgedeckt worden ist, auch hier zum Tragen kommen.

Schauen wir uns diesen Zustand genauer an:

Im Falle, dass für Quant 1 der Zustand $|1/2>$ gemessen wird, ist also der Zustand von Quant 2 sofort bestimmt, nämlich $|-1/2>$. Entsprechendes gilt für den Fall, dass für Quant 1 der Zustand $|-1/2>$ in einer Messung realisiert wird.

Der Zustand $|D>$ des Zweiquantensystems ist also eine Entität im Sinne von Kap. 3 vor, nämlich eine Entität. die allein durch eine Relation $R(S_1, S_2)$ bestimmt ist, wobei S_1 und S_2 die Komponenten des Spins von Quant 1 bzw. Quant 2 bezüglich einer vorgegebenen Achse sein können. Diese Entität ist also allein durch ihre Relation bestimmt. Die beiden Relata, also Quant 1 und Quant 2, besitzen ohne eine Messung keine definierten Spin-Komponenten. Hier liegt also ein Quantensystem vor, das wohl ein bestimmtes Merkmal hat. Dieses Merkmal ist aber eine zweistellige Relation, nicht eine Eigenschaft.

Das passt zu der in Kap. 3 vorgestellten Annahme, dass bei Quantensystem nur Relationen (mindestens zweistellige) bestimmt sind. Was würde das dann für ein einzelnes Quant bedeuten? Die möglichen Messwerte wären alle als Partner in einer Relation zwischen Messgerät und Quant zu deuten. Die Unbestimmtheit wäre also ein Widerschein der Umgebung. Das heißt auch, dass man immer von unbestimmten Werten einer Größe eines Zustands reden muss, wenn man in Relationen eines der beiden Relata ignoriert und damit aus der Relation eine Eigenschaft macht. Bei einer Kopplung mit einem mesoskopischen Objekt, z. B. bei einer Messung rückt dieses Relatum wieder in den Vordergrund und man erhält einen definierten Wert für die Relation zwischen Quant und Messgerät.

5.4.2 Das Einstein-Rosen-Podolski-Paradox

Im Vordergrund der Diskussion um die Quantenmechanik stand nach ihrer ersten Formulierung aber zunächst die Tatsache, dass man nun nicht mehr eine deterministische Theorie vor Augen hatte, sondern dass man nur noch mit Wahrscheinlichkeiten für das Eintreten eines bestimmten experimentellen Ausgang berechnen konnte.

Kein Wunder, dass die Pioniere der Quantenphysik wie Werner Heisenberg, Erwin Schrödinger, Niels Bohr und Albert Einstein in heftige Diskussionen über diese Konsequenz gerieten, die eine fundamentale Änderung unseres Weltbildes darstellen würde.

Viele, insbesondere auch Albert Einstein, vermuteten, dass die Quantenmechanik noch nicht „fertig" ist. So sann man darauf, wie man den Widerspruch zu unserer gängigen Vorstellung von Realität noch schärfer herausarbeiten konnte.

Besondere Aufmerksamkeit hat dabei die Arbeit erregt, die Albert Einstein, Boris Podolski und Nathan Rosen im Jahre 1935 veröffentlichten (Einstein, et al., 1935). Sie analysierten darin den im vorigen Abschnitt studierten verschränkten Zustand und fragten sich, wie man die Folgerungen aus diesem Zustand im Rahmen eines Experimentes auf die Probe stellen könnte.

Sie betrachteten also eine Quelle, in der für zwei Quanten mit Gesamtspin 1/2 der spezielle verschränkte Zustand

$$|D>=\sqrt{1/2}(|1/2>|-1/2>-|-1/2>|1/2>).$$

verwirklicht ist. Sie betrachteten die Situation, dass diese Quanten von der Quelle aus diametral in entgegengesetzter Richtung abgestrahlt werden. Die Eigenart des Zustands $|D>$ sollte nun also konkrete Gestalt annehmen.

Die Wahrscheinlichkeit für Zweiquanten-Zustand $|1/2>|-1/2>$ ist nun wegen des Vorfaktors $\sqrt{½}$ gerade 1/2. Wird dieser Zustand nun bei einer Messung realisiert, ergibt sich also der Wert 1/2 für eine Spin-Komponente des Quants 1 und -1/2 für die Spin-Komponente des Quants 2. Dabei ist es egal, welche Komponente man misst, denn der Ausdruck ist ja für jede der drei Komponenten gültig.

Man muss also nur eine Messung der Spin-Komponente bei Quant 1 machen, dann weiß man, welchen Wert die entsprechende Spin-Komponente des Quants 2 hat. Dabei können die Quanten sich inzwischen beliebig weit entfernt haben, wenn dabei nicht der verschränkte Zustand gestört wurde – sogar so weit, dass nicht einmal ein Informationsübertrag mit Lichtgeschwindigkeit möglich wäre. Wenn also aus einem in einem solchen verschränkten Zustand beim Quant 1 durch die Messung der Zustand $|1/2>$ entsteht, ergibt sich gleichzeitig in beliebiger Entfernung für das Quant 2 der Zustand $|-1/2>$.

Unser gesunder Menschenverstand sagt uns aber doch, dass in der Entfernung Quant 2 als einzelnes freies Quant zu betrachten ist. Der Zustand wäre von der allgemeinen Form $|z> = a\ |1/2> + b\ |-1/2>$ und der Messwert -1/2 könnte sich nur mit einer bestimmten Wahrscheinlichkeit ergeben. Wie kann es sein, dass Quant 2 es nun aber jedes Mal dem Quant 1 „nachmacht“, (eigentlich genau „andersherum“) – also jedes Mal, nicht nur im Mittel? Albert Einstein sprach da von einer „spukhaften Fernwirkung“.

Hinter solchen Überlegungen stecken unsere Vorstellungen, an die wir uns in unserer Welt der mittleren Dimensionen gewöhnt haben, weil sie sich dort immer wieder als nützlich erwiesen haben: Entitäten besitzen Eigenschaften, sie gehören ihnen, sind intrinsisch und sie nehmen sie eben mit, wohin sie auch gehen.

Dieses Phänomen stellte also zunächst ein Paradox dar. So sprach man bald von verborgenen Variablen, die in der Theorie der Quantenmechanik noch nicht berücksichtigt sind und für dieses Verhalten des Zweiquant-Systems sorgen sollten. Die Quantenmechanik wäre also noch nicht vollständig, eine Erweiterung wäre wohl vonnöten. Die einzelnen Quanten müssten wohl noch weitere Merkmale besitzen, also „Elemente der Realität“, wobei hier natürlich als „Realität“ jene gemeint war, die wir im Mesokosmos kennengelernt haben und auch nur kennen können.

Dieses Gedankenexperiment, nach den Anfangsbuchstaben der Autoren auch EPR-Paradoxon, genannt, führte unter den Physikern immer wieder zu heftigen Diskussionen. Dabei wurde die Quantenmechanik selbst immer erfolgreicher. Immer mehr zeigte sich, dass man mit ihr die Spektren von Atomen und sogar von Molekülen verlässlich berechnen konnte und dass sie zu interessanten Vorhersagen fähig war. Das EPR-Paradoxon geriet für pragmatische Physiker in den Hintergrund.

Neues Interesse entflammte, als der nordirische Physiker John Bell im Jahre 1964 in einer Arbeit eine bestimmte messbare Größe B konzipieren konnte, die in einem EPR-Experiment ein verschiedenes Resultat ergeben musste, je nachdem, ob man verborgene Variablen in Rechnung stellte oder ob man die Quantenmechanik benutzte (Bell, 1964).

Er könnte sich dabei folgendes überlegt haben: Wenn dieses Experiment zeigt, dass in der Quantenmechanik bestimmte Elemente der Natur noch nicht berücksichtigt werden, und dass wir zu einem klassischen Verhalten der Natur zurückkommen, wenn wir diese in Rechnung stellen würden, dann müssten wir die Ergebnisse des Experimentes in der Form beschreiben können, wie wir auch sonst Systeme mit unvollständiger Information beschreiben, nämlich mit den Begriffen der mathematischen Wahrscheinlichkeitstheorie. Man könnte so vielleicht eine Beziehung zwischen solchen Wahrscheinlichkeitsverteilungen finden, welche man in einem EPR-Experiment auch nachprüfen könnte. Dann müsste man schauen, ob diese Relation auch für die experimentellen Ergebnisse gültig ist. Wäre das der Fall, hätte man einen Beweis dafür, dass das Experiment klassisch beschrieben werden kann, wenn man noch bisher unbekannte Größen berücksichtigen würde.

Der Physiker John Bell fand in der Tat eine solche Beziehung in Form einer Ungleichung $B<2$, wobei hier darauf verzichtet werden muss, den Ausdruck für B explizit hinzuschreiben. Festzuhalten ist hier nur, dass in dem Ausdruck für B experimentell messbare, oder besser gesagt, schätzbare Größen auftauchen und dass die Ungleichung also für jede Theorie mit unvollständiger Kenntnis aller Einflussgrößen gelten muss.

Für die reine Quantenmechanik erhält man dagegen $B=2\sqrt{2}$, einen Wert, der deutlich über 2 liegt. Die Quantenmechanik lässt sich also niemals im Rahmen einer Theorie formulieren, welcher nur Konzepte der mathematischen Wahrscheinlichkeitstheorie zugrunde liegen. Dieses Ergebnis war noch nicht überraschend. Deshalb meinte man ja auch, dass sie noch unvollständig ist.

Was aber sagt das Experiment? Die Frage nach der Existenz verborgener Variablen ließ sich nun experimentell entscheiden. Es ging also darum, das Gedankenexperiment in ein konkretes Experiment zu überführen. In einem solchen sollte man die Messgröße B so genau bestimmen können, dass man eindeutig entscheiden kann, ob sie mit der Bell'schen Ungleichung $B<2$ verträglich ist oder mit dem quantenmechanischen Wert $B=2\sqrt{2}$.

Solch ein Experiment stellt große Anforderungen an die Experimentatoren (Wikipedia: Bellsche Ungleichung). Erste Hinweise auf die Verletzung der Bell'schen Ungleichung gab es wohl bald, aber erst etwa 20 Jahre nach der Bell'schen Arbeit führten französische Physiker ein Experiment durch, das wirklich als Realisation des Gedankenexperimentes angesehen kann. Danach wurden diese Experimente immer weiter verfeinert. Zweifel an dem Resultat durch kritische Hinterfragungen konnten immer wieder ausgeräumt werden.

Die Quantenmechanik wurde dagegen bestätigt, wie sie auch immer wieder bestätigt wurde, wenn man sie denn dort anwandte, wo sie überhaupt gültig sein konnte.

Resumé

6

Heute gilt die Quantenmechanik als die Theorie der Physik, die am besten geprüft ist. Alle diese Prüfungen testen allerdings den mathematischen Apparat der Quantenmechanik. Man muss hier sehen, dass eine physikalische Theorie immer auf zwei Ebenen „lebt". Die „untere" Ebene ist die Ebene der mathematischen Formulierungen der Axiome, der Schlussfolgerungen und der damit aus den Axiomen abgeleiteten Gesetze in Form von Gleichungen. Die „obere" Ebene ist die Ebene der Interpretation der mathematischen Gleichungen in Form von Aussagen in unserer Umgangssprache, in der wir Bilder und Vorstellungen aus unser Erfahrung benutzen. Während Einigkeit unter allen Physikern besteht, dass alle Berechnungen auf der mathematischen Ebene in der Quantenmechanik zu Aussagen führen, die mit dem Experiment übereinstimmen, gibt es immer noch heftige Diskussionen über die Interpretation. Die Interpretation, die ich bisher hier gegeben habe, ist im Wesentlichen die „Kopenhagener Interpretation". Sie wurde schon in den Anfängen der Quantenmechanik von Niels Bohr und Werner Heisenberg während einer Zusammenarbeit in Kopenhagen entwickelt. Es gibt aber auch andere Interpretationen und sogar eine andere Form des mathematischen Formalismus.

Ein Grund für diese Diskussionen und für die Formulierung alternativer Deutungen des mathematischen Apparats waren zunächst die in den vorigen Kapiteln beschriebenen Merkwürdigkeiten, die dem „gesunden Menschenverstand" widerstreben. Man mochte also nicht akzeptieren, dass im Land der kleinsten Dimensionen „vieles ganz anders" ist als in der mesoskopischen Welt, in der wir durch die Evolution geprägt sind und heute leben.

Stein des Anstoßes ist dabei zunächst die Aufgabe des normalen Realitätsbegriffs. Eine einzelne Entität besitzt in der Quantenmechanik keine eindeutigen Werte für ihre Merkmale. Solche kann sie höchstens im Verbund mit

J. Honerkamp, *Über die Merkwürdigkeiten der Quantenmechanik*, essentials, https://doi.org/10.1007/978-3-658-31879-6_6

einem mesoskopischen Objekt, z. B. einem Detektor, annehmen. Im „eigenen Land“ aber zeigt ein Quant lediglich seine „wahre Natur“ und hier sind die Werte meistens unbestimmt. Im Sinne unserer landläufigen Vorstellung von Realität ist also ein Quant nicht real.

Die zweite Merkwürdigkeit besteht darin, dass es bei Quantensystemen sogenannte verschränkte Zustände gibt, wie wir sie in Abschn. 5.4 besprochen haben. Das sind Systeme, bei denen man von bestimmten Eigenschaften oder von Identitäten einzelner Quanten nicht reden kann, aber von gewissen bestimmten Relationen. Aufgrund dieser Relationen können die Quanten nicht als eigenständige freie Quanten gesehen werden, wie weit sie sich auch schon voneinander entfernt haben. Man spricht von einer Nicht-Separabilität oder auch von einer Nicht-Lokalisierbarkeit.

Schließlich gibt es noch ein bedeutendes Desiderat der Quantenmechanik: Der „Messprozess“ wird in dieser Theorie nicht explizit beschrieben und kann hier auch gar nicht beschrieben werden. Der Begriff „Messprozess“ steht dabei für einen Prozess, in dem ein Quant auf ein mesoskopisches Objekt trifft, wobei einer der möglichen Messwerte einer Observablen des Quants „real“ wird, d. h. sich in der mesoskopischen Welt als eindeutiger Wert zeigt oder zeigen würde. Man spricht hier von einem „Kollaps der Wellenfunktion“: Die „Messung“ filtert aus einer Überlagerung von vielen speziellen Wellenfunktionen, die jeweils zu den möglichen Messwerten gehören, einen bestimmten Wert aus. Für diesen Vorgang hat man noch keine befriedigende Theorie formulieren können.

Hier haben wir also genau das Problem der Emergenz der klassischen Physik vor uns, welches wir in Kap. 2 schon angedeutet haben. Hier haben wir aber gleich zwei Probleme vor uns. Erstens: Wie wird aus dem quantenmechanischen Zustand für „Quant und mesoskopisches Objekt“, also einer Überlagerung vieler einzelner quantenmechanischer Zustände, ein klassischer Zustand, also einer ohne Überlagerung? Zweitens: Wie ergibt sich dann ein bestimmter Wert für eine Messgröße? Für das erste Problem hat man eine Lösung gefunden, die man mit dem Begriff „Dekohärenz“ umschreibt. Man kann dabei zeigen, dass sich durch die Interaktion des Quants mit der Umgebung in der Tat klassische Zustände ergeben. Aber eben nicht ein bestimmter, sondern wiederum eine Menge mit den möglichen Messwerten und ihren Wahrscheinlichkeiten für eine Realisierung. Im Hinblick auf eine Beseitigung der Unbestimmtheit auf der klassischen Ebene ist man damit keinen Schritt weitergekommen.

So haben dieses Problem und die Merkwürdigkeiten immer wieder Theoretiker veranlasst, nach einer anderen Interpretation und auch sogar nach einem anderen mathematischen Formalismus zu suchen. Erwähnen muss man hier u. a. die De-Broglie-Bohm-Theorie. Diese steht auch wie die Quantenmechanik in Übereinstimmung mit den experimentellen Ergebnissen. In ihr werden zusätzlich zur üblichen Gleichung der Quantenmechanik noch Bewegungsgleichungen für Teilchen eingeführt, wobei die Wellenfunktion nun die Verteilung der Ortskoordinaten dieser klassischen Teilchen bestimmt. Die Theorie wird dadurch deterministisch und hat damit kein Problem mit dem Messprozess. Die Theorie ist also mit unserem üblichen Begriff von Realität kompatibel, muss aber auch die Lokalität aufgeben.

Eine andere Variante der Quantenmechanik wir von den italienischen Physikern Giancarlo Ghirardi, Alberto Rimini und Tullio Weber vorgeschlagen. In dieser sogenannten GRW-Theorie wird die Dynamik der Wellenfunktion in stochastischer Weise stets durch spontane Kollapse unterbrochen.

Diese Alternativen und weitere Ableger davon finden allerdings wenig Anhänger unter den Physikern. Sie sind für die meisten eben nicht attraktiv genug, um sich damit zu beschäftigen. Bei der Prüfung experimenteller Ergebnisse ergibt sich kein Vorteil und sie kommen auch nicht ohne Merkwürdigkeiten aus. Die Zusätze oder Änderungen wirken nur dazu konstruiert, um einen Zweck ohne Rücksicht auf die Mittel zu erreichen, nämlich die Unbestimmtheit der Quantenmerkmale loszuwerden oder sie in eine klassische Wahrscheinlichkeit umzuwandeln. Es fehlt eben ein entscheidendes Experiment, das einen Hinweis aus der Natur geben und damit zu einem ganz neuen Ansatz führen würde, der vielleicht alle Merkwürdigkeiten in einem neuen Licht zeigen könnte.

Ein anderer Versuch, den Merkwürdigkeiten der Quantenmechanik zu entkommen, stellt die Viele-Welten-Interpretation dar. Hier wird die Unbestimmtheit, die auch nach Berücksichtigung der Dekohärenz bleibt, akzeptiert. Die verschiedenen Möglichkeiten für eine Observablen eines Quants finden nun alle eine Realisierung, und zwar jede dieser in einer eigenen Welt. Hier wird also eine Merkwürdigkeit in eine noch größere uminterpretiert.

Tatsache ist: Eine überzeugende und allgemein akzeptierte Erklärung für die Emergenz der Bestimmtheit der Merkmale in unserer Welt der mittleren Dimensionen, ausgehend von der Quantenmechanik, ist noch nicht gefunden. Man muss dieses „Auftauchen" aus der Quantenmechanik „per Hand" einführen, in dem man im mathematischen Formalismus einen „Kollaps" der Wellenfunktion unterstellt, wenn ein Quant auf ein mesoskopisches Objekt z. B. ein Messgerät trifft.

Wenn man die Geschichte der physikalischen Theorien verfolgt, dann entdeckt man, dass alle Theorien eine Zeit lang mit bestimmten Ungereimtheiten leben mussten und mitunter auch noch leben. Das berühmteste Beispiel ist die Annahme der Fernwirkung der Gravitation, die Issac Newton machen musste. Zeitgenossen Newtons kritisierten diese immer wieder. Mit der Zeit trat sie aber wegen des überzeugenden Erfolges der Theorie völlig in den Hintergrund. Erst gut 200 Jahre später konnte man auf diese Annahmen verzichten, weil man den Feldbegriff kennengelernt hatte und sich eine Änderung der Gravitationskraft im Rahmen der Allgemeinen Relativitätstheorie nicht instantan, sondern mit Lichtgeschwindigkeit ausbreitet. Es gibt weitere Beispiele dieser Art (Honerkamp 2015, S. 215).

Dass es solche Ungereimtheiten geben kann, dass sie vielleicht sogar zu erwarten sind, wird plausibel, wenn man sich vorstellt, dass eine größere, noch unbekannte Theorie gibt, in der die bekannten Theorien als ein Ausschnitt oder eine Näherung angesehen werden können. An den Rändern von solchen Ausschnitten wird es dann immer Ungereimtheiten geben, weil Begriffe oder grundsätzlichere Einsichten aus der größeren Theorie noch nicht zur Verfügung stehen.

Man wird aber wohl nie ohne irgendwelche Merkwürdigkeiten auskommen. Mir scheint das unbedingte Festhalten an den Vorstellungen unserer mesoskopischen Welt nicht gerechtfertigt. Wenn sich diese Vorstellungen auf die Dauer auch in der mikroskopischen Welt als tragfähig und belastbar erweisen sollten, dann ist das eher überraschend. Die Geschichte physikalischer Theorien lehrt uns doch etwas anderes. Die grundliegenden Annahmen und Begriffe sind von Theorie zu Theorie immer abstrakter geworden und haben sich immer weiter von unseren gängigen Vorstellungen entfernt. Sollte es eines Tages eine tieferliegende Theorie geben, in der die Quantenmechanik als ein Spezialfall angesehen werden kann, dann werden wir deren Begriffe und Annahmen wohl kaum mithilfe des „gesunden Menschenverstandes“ erklären können.

Wenn wir schließlich auf die Diskussion des Kap. 3 zurückkommen, so kann man wohl mit Recht sagen, dass wir Relationen zwischen Entitäten besser erkennen kann als die Entitäten selbst und deren mögliche Eigenschaften. Das ist auch höchst plausibel. Denn immer, wenn wir etwas über diese Entitäten lernen wollen, müssen wir mit ihnen in Kontakt, d. h. in Relation treten und können von diesen Relationen, d. h. Messergebnissen, auf die Relationen der Natur schließen. Da ist es auch plausibel, dass wir zu den Relationen, in welchen die Entitäten mit sich selbst stehen, also zu den einstelligen Relationen bzw. Eigenschaften, weniger oder vielleicht gar keinen Zugang haben – um mit Poincaré zu sprechen: Sie bleiben uns für immer verborgen.

Was Sie aus diesem *essential* mitnehmen können

- Begriffe spielen die Rolle von „Denkwerkzeugen“ in einer Wissenschaft
- Wie andere Werkzeuge auch können diese Denkwerkzeuge im Laufe einer Entwicklung präziser und allgemeiner anwendbar werden
- Unser Vorstellungsvermögen hat sich im Rahmen der Evolution gebildet. Es muss also nicht unbedingt auch für die Welt der Atome und noch kleinerer Dinge taugen

J. Honerkamp, *Über die Merkwürdigkeiten der Quantenmechanik*, essentials, https://doi.org/10.1007/978-3-658-31879-6

Literatur

Bell, J., 1964. On the Einstein Podolski Rosen Paradox. *Physics*, Band 1 Nr.3, pp. 195-200.

Einstein, A., 1905. Zur Elektrodynamik bewegter Körper. *Annalen der Physik*, Band 322.

Einstein, A., Podolski, B. & Rosen, N., 1935. Can quantum-mechanical description of physical reality be complete?. *Phys. Rev.*, Band 47, pp. 777–780.

Esfeld, M., 2011. *Einführung in die Naturphilosophie.* 2. Auflage Hrsg. Darmstadt: Wissenschaftliche Buchgesellschaft.

Euklid, kein Datum *Euklid: Elemente Stoicheia.* [Online] Available at: https://www.opera-platonis.de/euklid/. [Zugriff am 20 Juni 2020].

Filk, T., 2018. On Ontological Alternatives to Bohmian Mechanics. *entropy*, Band 20.

French, S., 2019. *Identity and Individuality in Quantum Theory.* [Online] Available at: https://plato.stanford.edu/archives/win2019/entries/qt-idind/. [Zugriff am 13 Juli 2020].

Galilei, G., 1982. *Dialog über die beiden hauptsächlichen Weltsysteme.* aus dem Italienischen: Emil Strauss Hrsg. Darmstadt: Wissenschaftliche Buchgesellschaft.

Honerkamp, J., 2010. *Die Entdeckung des Unvorstellbaren.* Heidelberg: Springer.

Honerkamp, J., 2015. Über die Suche nach einer Weltformel. In: *Wissenschaft und Weltbilder.* Berlin, Heidelberg: Springer Spektrum.

Honerkamp, J., 2020. *Die Vorsokratiker und die moderne Physik.* Berlin, Heidelberg: Springer.

Maanen, J. v., 1999. Vorläufer der Differential- und Integralrechnung. In: H. N. Jahnke, Hrsg. *Geschichte der Analysis.* s.l.: Spektrum Akademischer Verlag, pp. Heidelberg, Berlin: Spektrum Akademischer Verlag, pp. 43–88.

Poincaré, H., 1904. *Wissenschaft und Hypothese.* Autorisierte Deutsche Ausgabe von F. und L. Lindemann Hrsg. Leipzig: B.G. Teubner. Hrsg. s.l.:s.n.

Rovelli, C., 2019. *Relational Quantum Mechanics.* [Online] Available at: https://plato.stanford.edu/entries/qm-relational/

Schupp, F., 2003. *Geschichte der Philosophie im Überblick – Bd.1, Antike.* Jokers 2012 Hrsg. Hamburg: Felix Meiner.

Stallo, J., 1911. *Die Begriffe und Theorien der modernen Physik.* Übersetzt von Dr. H. Kleinpeter, mit einem Vorwort von Ernst Mach Hrsg. Leipzig: Johann Ambrosius Barth.

J. Honerkamp, *Über die Merkwürdigkeiten der Quantenmechanik*, essentials, https://doi.org/10.1007/978-3-658-31879-6

Weyl, H., 1931. *Gruppentheorie und Quantenmechanik.* zweite umgearbeitete Auflage Hrsg. Leipzig: S. Hirzel, p. 214.
Worrall, J., 1989. Structural Realism: The Best of Both Worlds. *Dialectica*, Band 43, p. 99ff.